나의 사랑하는 코딱지들, 알레와 하이메, 후안, 라몬, 셀리아, 코톤에게
감수를 해 준 마누엘 마르틴 에스테반을 비롯한 의사 선생님들에게
내 작업을 지지해 준 후안에게
맛있는 빵과 이 모든 걸 가능하게 해 준 호르헤에게

지음 베르타 파라모

어린 시절에 오줌싸개였습니다. 그래서 길을 나서면 화장실에 가기 위해 두서너 번은 꼭 도로변 식당이나 휴게소에 들러야 했습니다. 코딱지 파는 것도 아주 좋아했습니다. 특히 정교하게 팔 수 있는 새끼손가락을 주로 썼지요. 먹지는 않았지만 동글동글하게 만들어서 무엇을 했는지는 비밀입니다.
대학에서 건축과 일러스트레이션을 공부했고, 지금은 어린이책을 쓰고 그리는 작가가 되었습니다. 샤르자국제아동도서전, 첸보추이국제아동문학상, 아찜상 등 여러 국제도서전에서 수상했으며, 2024년과 2022년에 볼로냐국제아동도서전 THE BRAW AMAZING BOOKSHELF 부문에 각각 선정 및 스페셜멘션 되었습니다. 지은 책으로는 《냄새》, 《이》, 《로봇랜드》 등이 있습니다.

옮김 문주선

어린 시절부터 눈물이 많아서 콧물도 침도 많이 흘렸고, 울다가 코피도 많이 흘렸답니다. 똥과 오줌은 제법 커서도 옷에 싼 적이 있는데, 몇 살인지는 밝히지 않겠습니다.
대학에서 영어와 스페인어를 공부했고, 지금은 어린이책을 만들면서 외국의 어린이책을 우리말로 옮기는 일도 합니다. 옮긴 책으로는 《카피바라가 왔어요》, 《양은 꽃을 세지》, 《아기 달래기 대작전》 등이 있습니다.

똥도 물이라고?

초판 1쇄 발행 2024년 9월 30일
초판 3쇄 발행 2025년 9월 5일
지음 베르타 파라모 | 옮김 문주선
발행 이마주
등록 2014년 5월 12일 제396-251002014000073호
내용 및 구입 문의 02-6956-0931 | 이메일 imazu7850@naver.com
제조국명 대한민국 | 사용연령 5세 이상 | 주의사항 날카로운 책장이나 모서리에 주의하세요
ISBN 979-11-89044-79-4 77470

FLUIDOTECA
First published in Spain by Litera Libros
© 2021 Litera Libros
© 2021 Berta Páramo
All rights reserved
Korean translation © 2024 IMAZU
This edition was published by arrangement with Birds of a Feather Agency, Portugal,
through Orange Agency, Republic of Korea

이 책의 한국어판 저작권은 오렌지에이전시를 통해 저작권자와 독점계약한 이마주에 있습니다.
저작권법에 의해 한국 내에서 보호를 받는 저작물이므로 무단 전재와 복제를 금합니다.
잘못된 책은 구입하신 곳에서 바꾸어 드립니다.

똥도 물이라고?

지음 베르타 파라모 | 옮김 문주선

이마주

차례

체액?
우리 몸의 물!
5

똥 33

눈물 49

콧물 65

오줌 81

침 97

피 113

땀 129

이런 것도 체액이야! 145

왜 팔리는 걸까?

생명을 유지하는 데 제일 중요한 건 물이야.

물 한 잔이 피에 흘러드는 데 필요한 시간은 단 5분이지.

물 주세요!

우리 몸은 거의 물로
이루어져 있기 때문이지.

그 밖의 것들

물

그 물의 대부분은
체액이 돼.

체액은 우리 몸을
채우고 흐르는 물질이야.

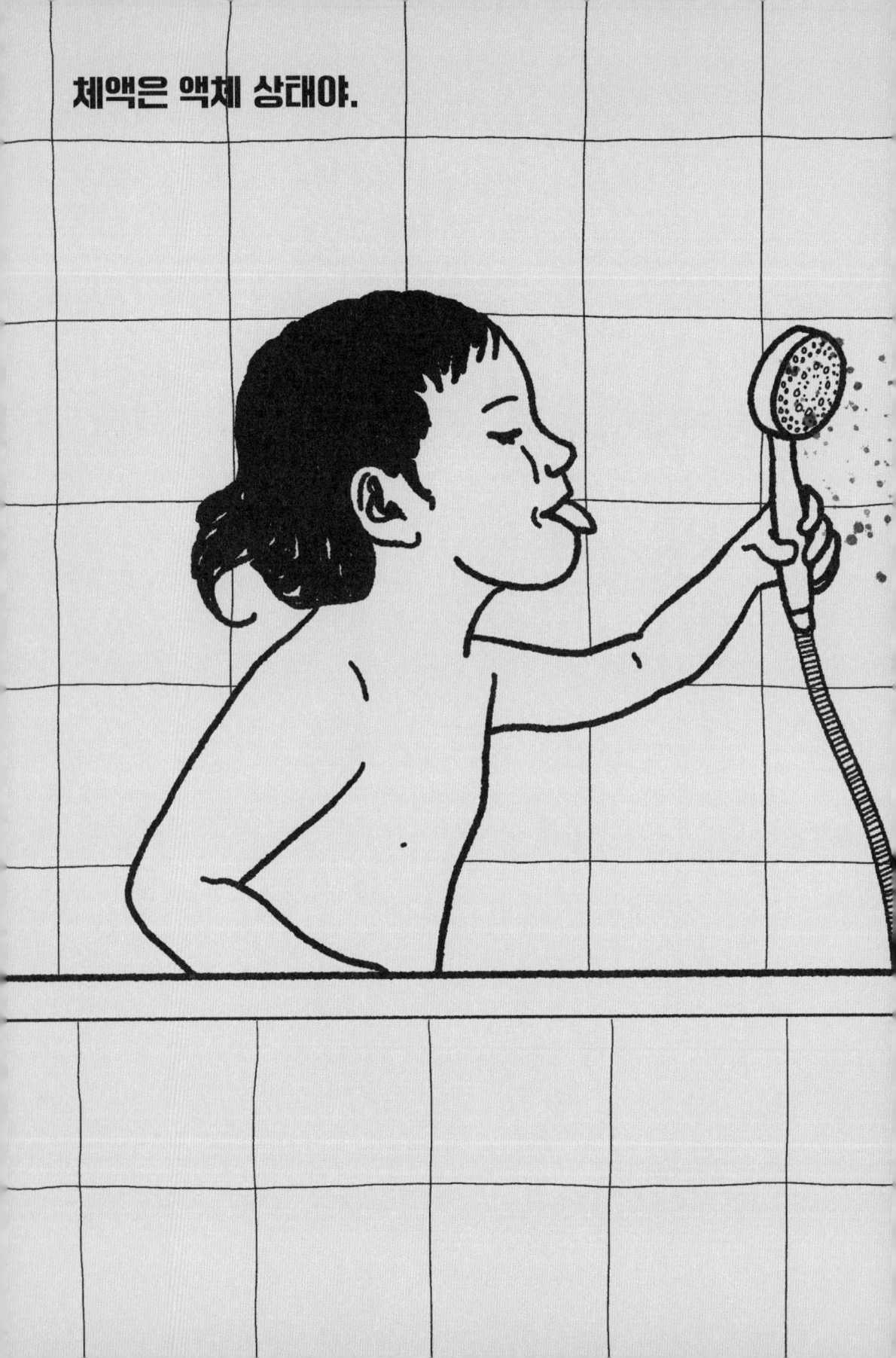

체액은 기체 상태이기도 해.

똥도 체액이야.

체액은 중요한 거야?

**우리 몸은 균형이 잘 이루어져야
잘 돌아가.**

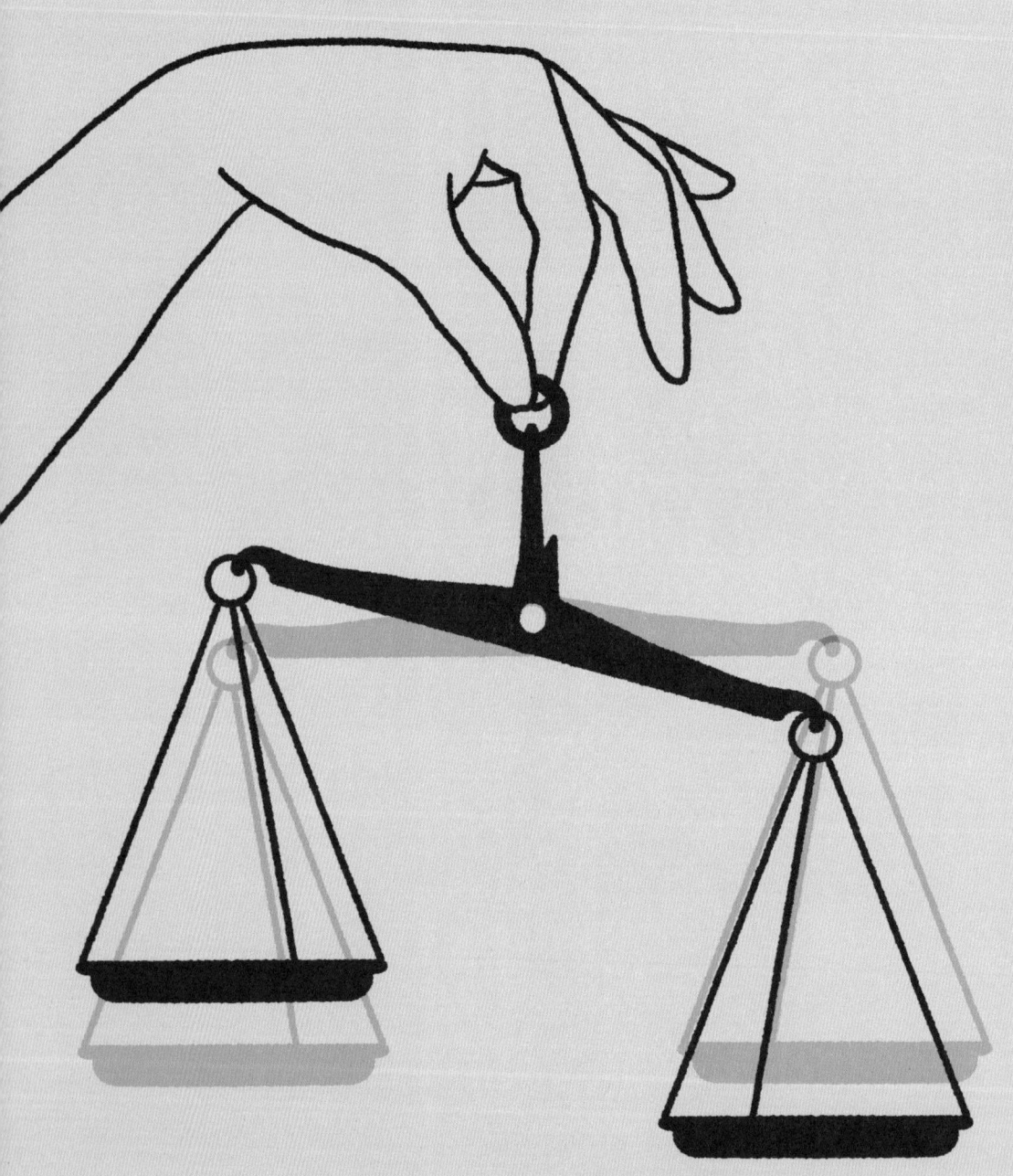

체액은 우리 몸이
균형을 유지하도록 돕지.

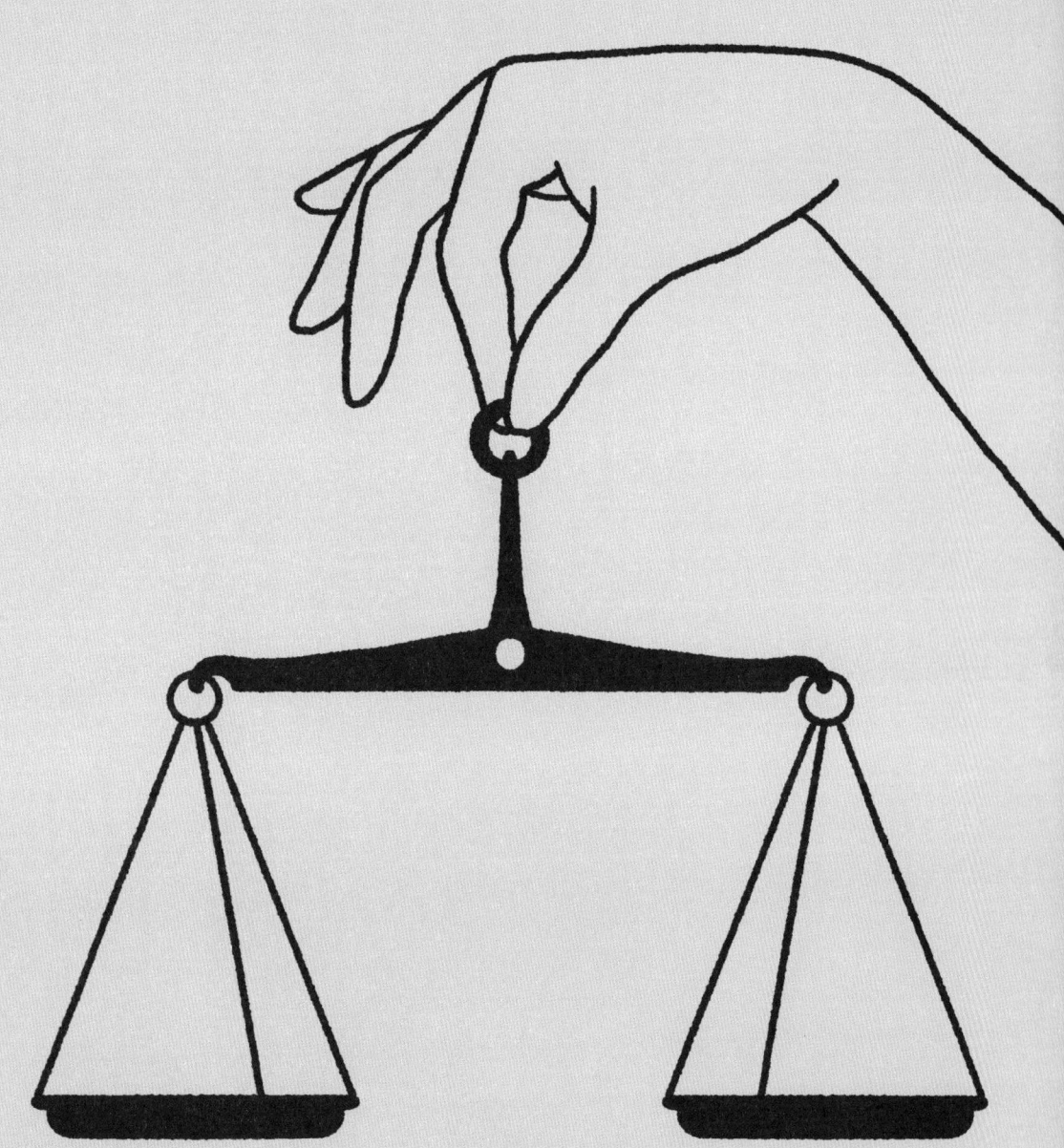

우리 몸이 공격 받으면
보호해 주고,

열이 나면

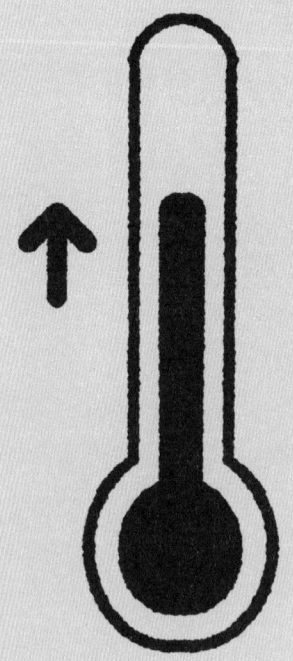

열을 내려 주고,

노폐물이 생기면

노폐물을 몸밖으로 내보내고

필요한 것이 있으면

채워 주고 보충해 주지.

엉 듣듣줄
  다가어

침묵.

이 모든 게 찾아야이야.

태오

입으로 들어간 음식은
우리 몸속에서
긴 여행을 해.

이곳 변기에 도착할 때까지
말이야.

똥 공장

① 사과
② 입
③ 식도
④ 위
⑤ 소장
⑥ 대장
⑦ 직장
⑧ 항문(일명 똥꼬)

음식물은 이 길을 따라 여행하는 동안, 모양과 질감이 엄청나게 바뀌지.

간

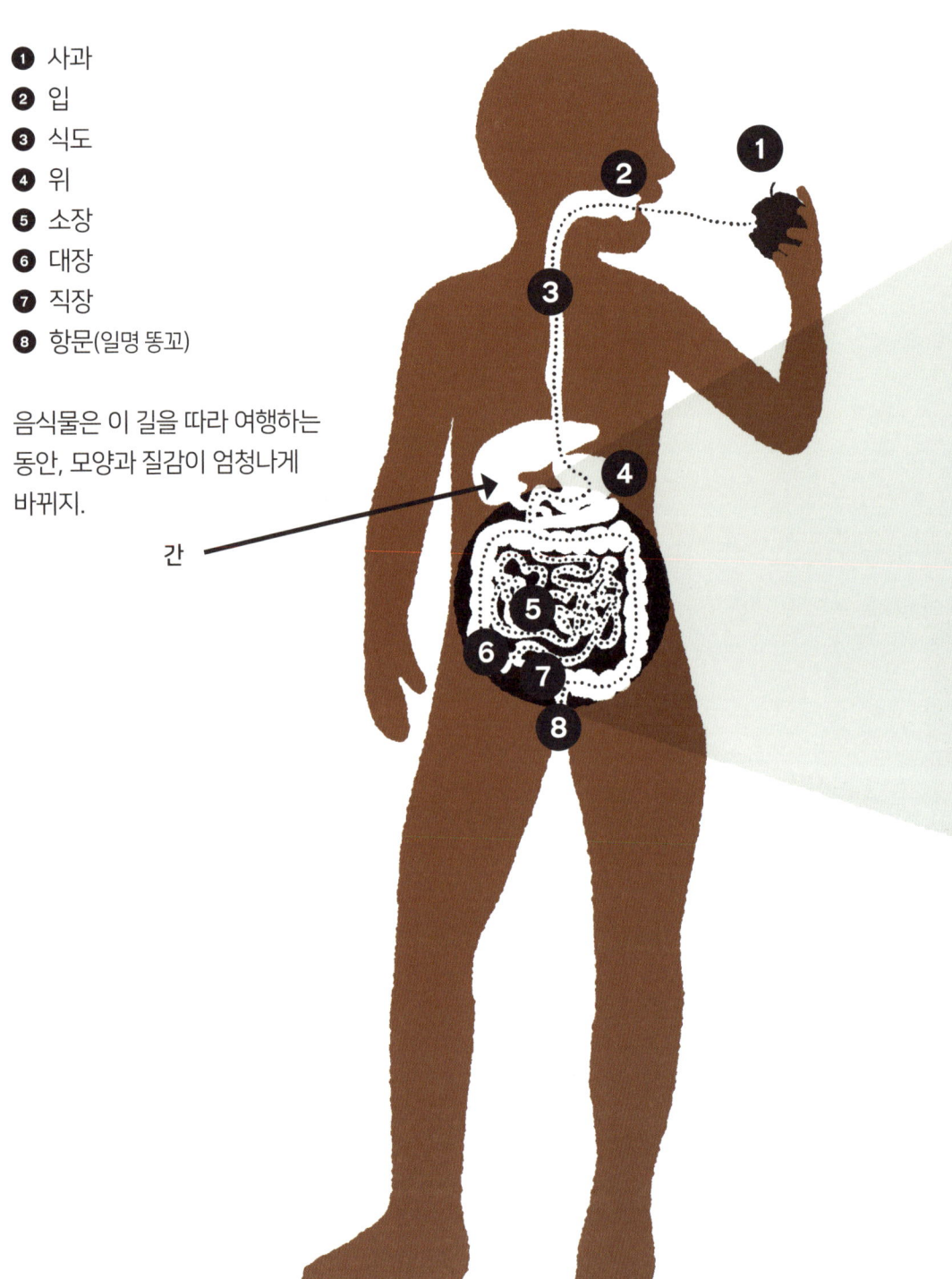

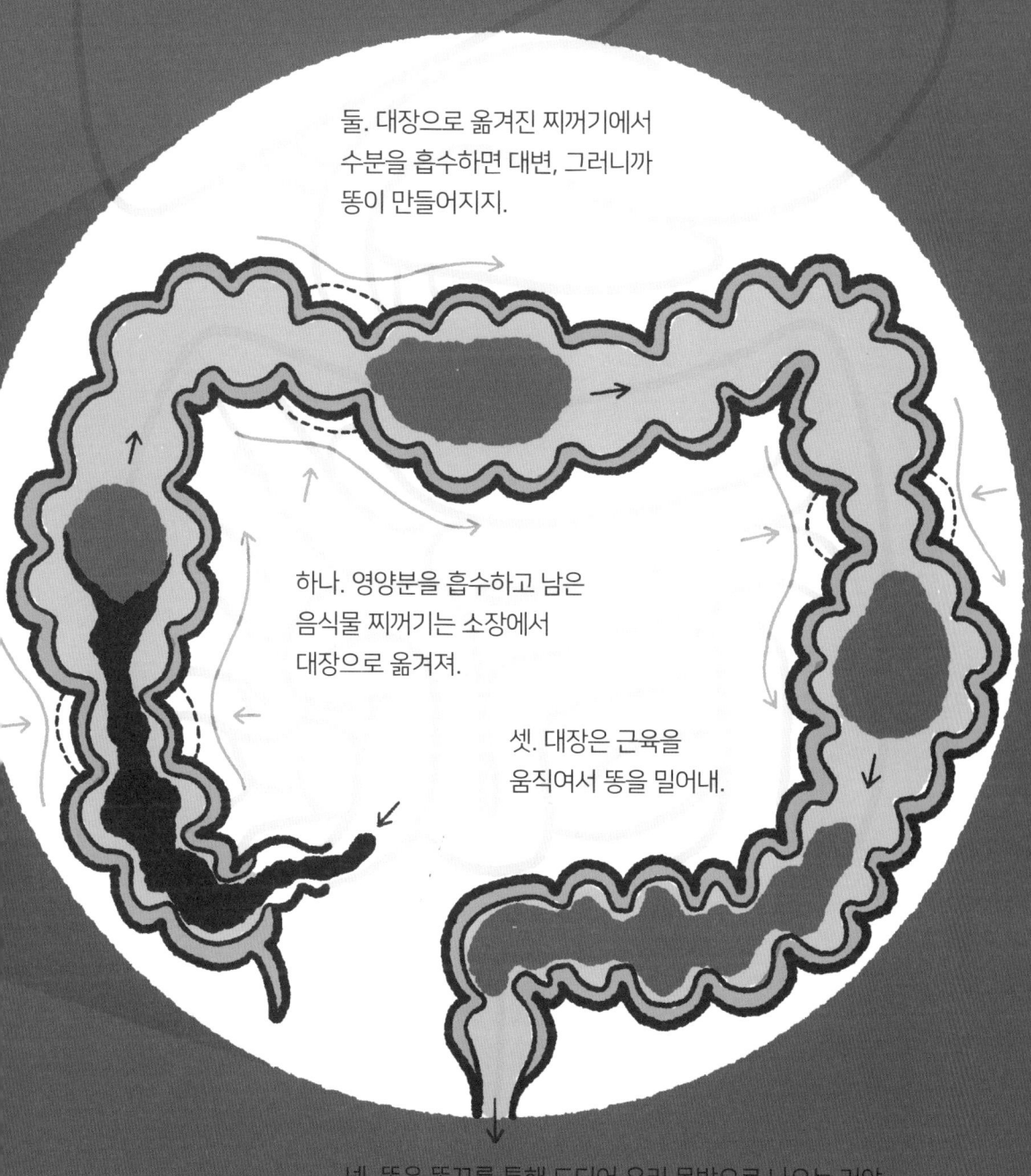

똥이 대장을 빨리 지나가면 대장에서 수분을
흡수하는 시간이 줄어들어. 그러면 대장 속 물이
똥과 함께 그대로 나오게 되지. 그게 바로 설사야.

똥은 보통 황갈색이야.
간과 쓸개에서 나오는 담즙은 소장과
대장을 거치면서 스테르코빌린이라는
물질로 변하는데, 이 물질이 똥을
황갈색으로 변하게 하지.
하지만 시금치를 많이 먹었다면,
초록색 똥이 나올 수도 있어.

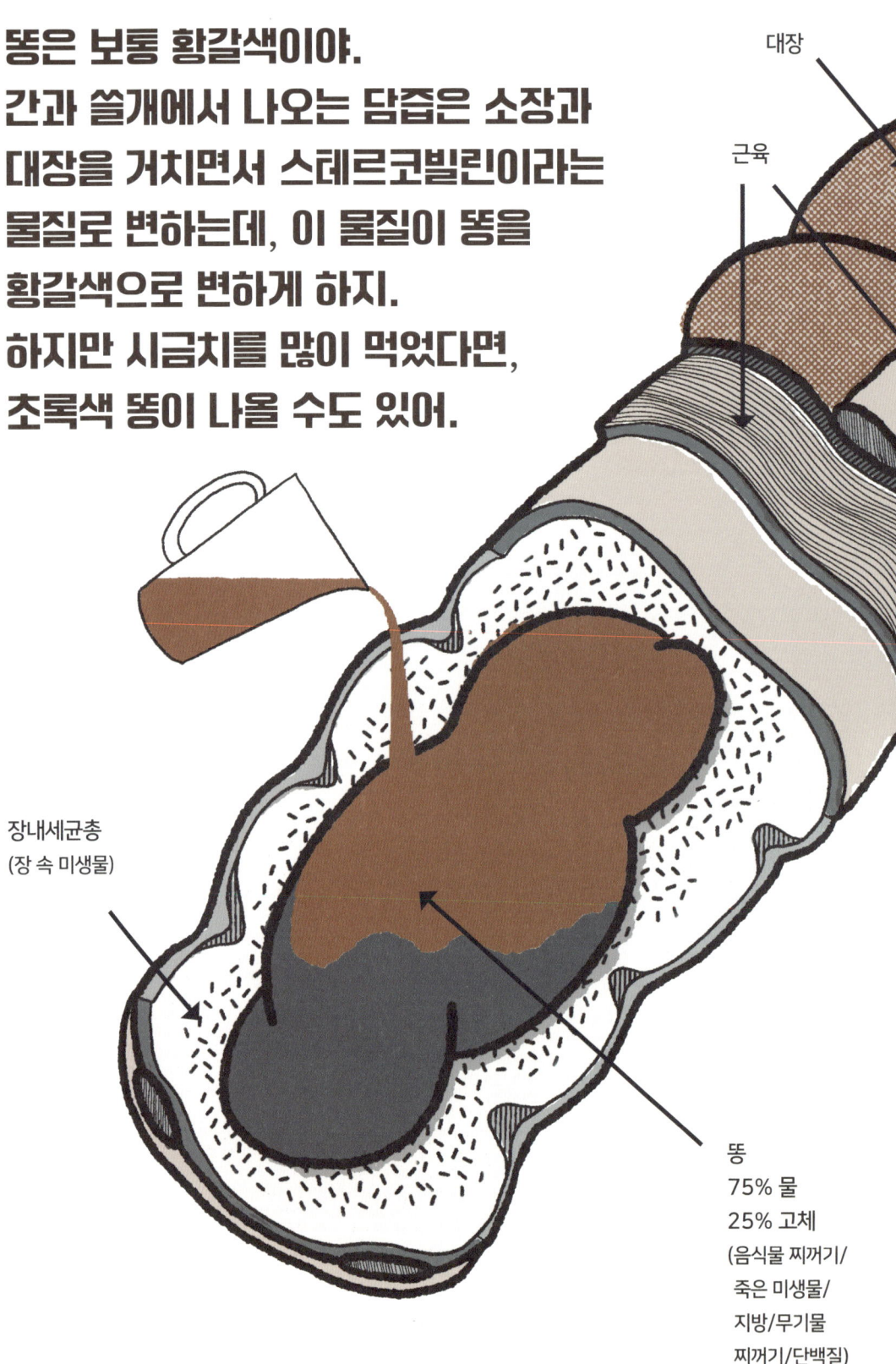

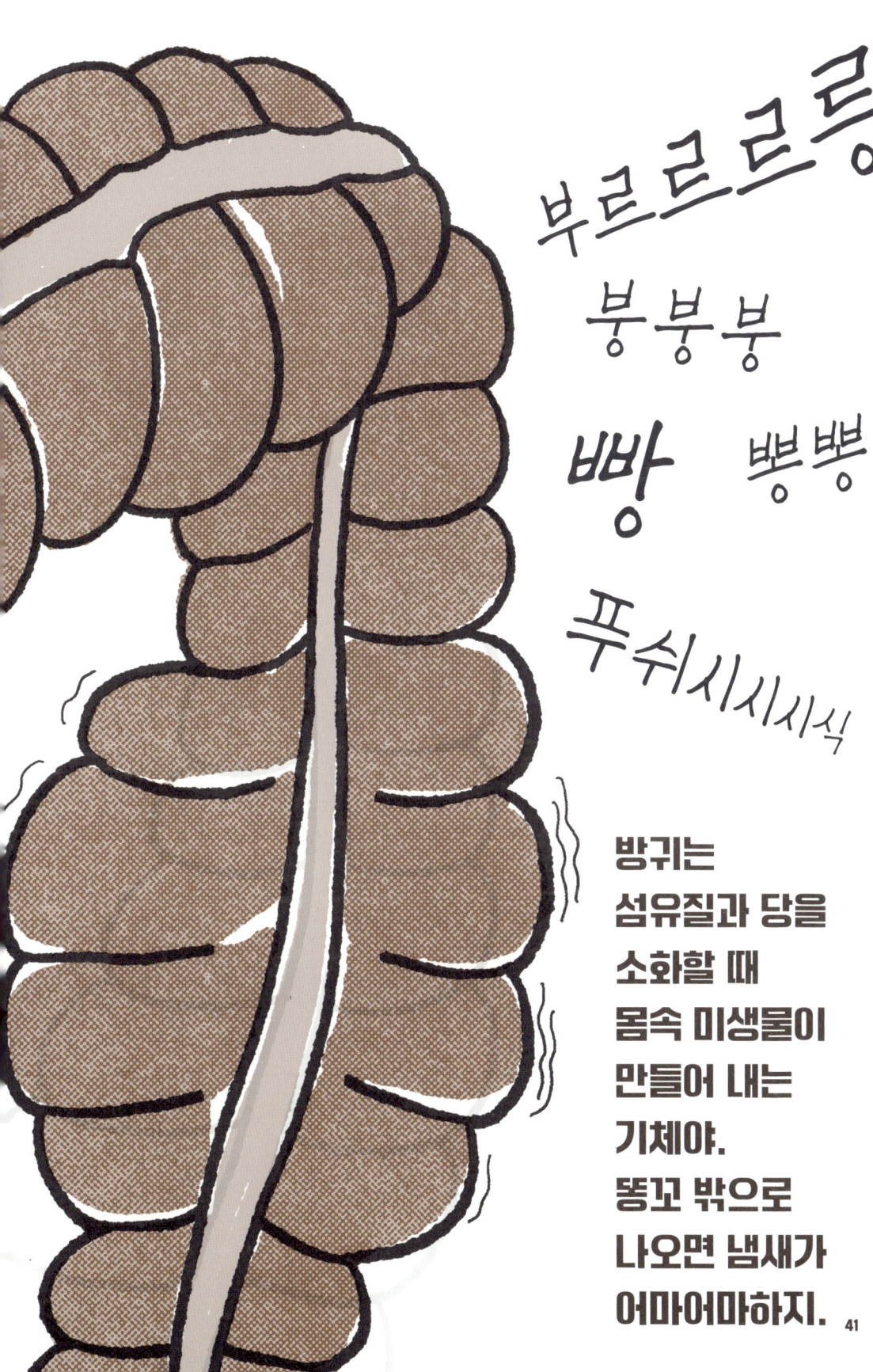

똥 눌 때 표정은 사람마다 달라.

똥 누는 장소는
나이마다 달라.

똥은 혼자 누는 게 좋지.

난 혼자 누는 거 싫은데.

똥에서 빵 냄새가 난다고
생각해 봐.
얼마나 먹고 싶겠니?
그래서 똥 냄새가 고약한 거야.
똥에는 여러 가지 병균이
들어 있거든.
그러니까 우리,
똥은 먹지 않기로 해.

* 물론 네가 파리라면 좀 다를 수 있겠지.

똥을 다 누면
휴지로 똥꼬를 깨끗이 닦아.

코끼리 똥에 지지 않아!

동글동글 귀여운 염소 똥.

뱀처럼 또아리를 튼다고!

똥 못 싼 지 일주일째.

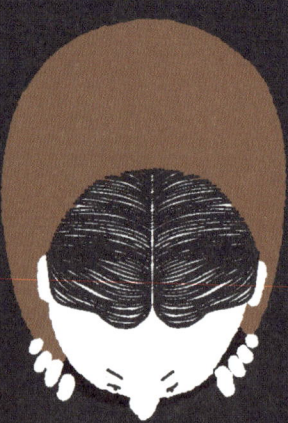
잠수함처럼 가라앉지.

똥 폭탄이라고 들어 봤어?

하루에 다섯 번이나 싼다고!

나보다 수영을 더 잘해!

땋은 머리 같아.

전국 똥 자랑 대회

우리 눈에는
늘 눈물이 고여 있어.

울지 않아도
눈물이 있다고?

눈물은 눈을
보호하고 청소하지.

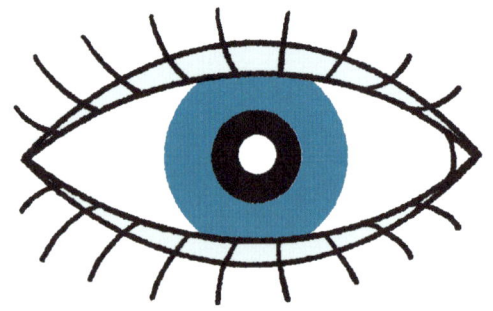
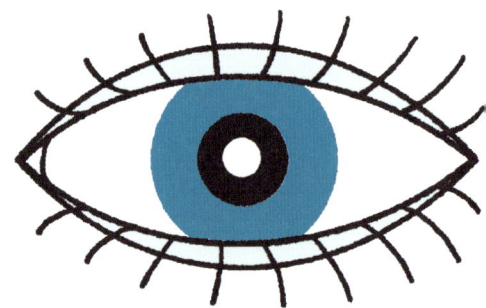

**눈을 깜박이면 눈물이 눈 전체로 퍼지면서
얇은 눈물막이 생겨.**

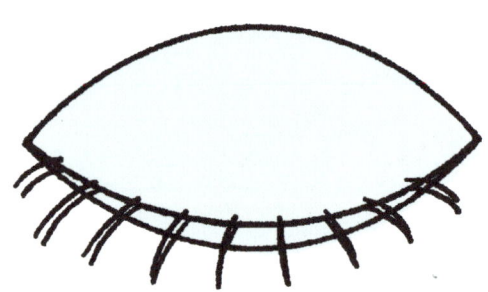
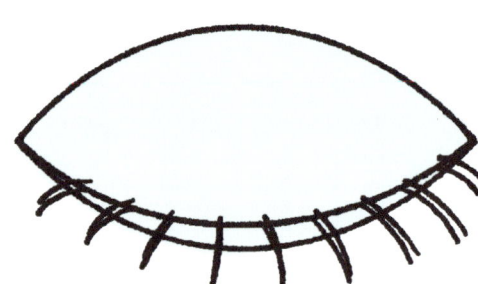

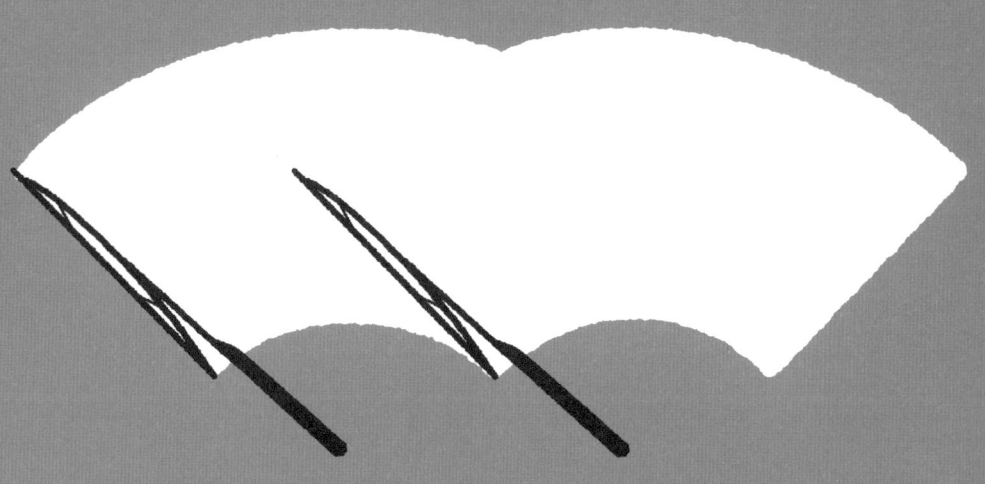

그 눈물막이 우리 눈을
항상 촉촉하게 보호해 줘.

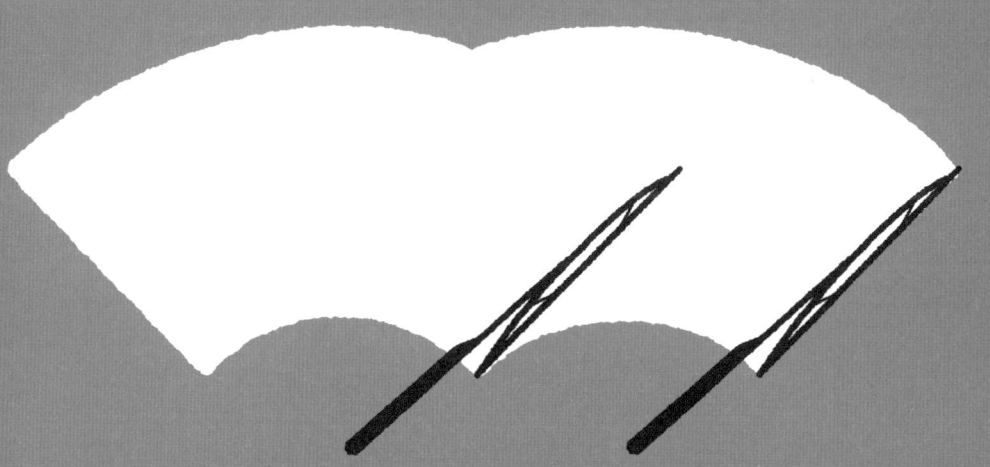

눈물 공장

눈물샘은 눈물을 만들고,
눈꺼풀은 눈물을 퍼뜨려.

❶ 눈물샘
❷ 눈물소관
❸ 눈물주머니
❹ 코눈물관

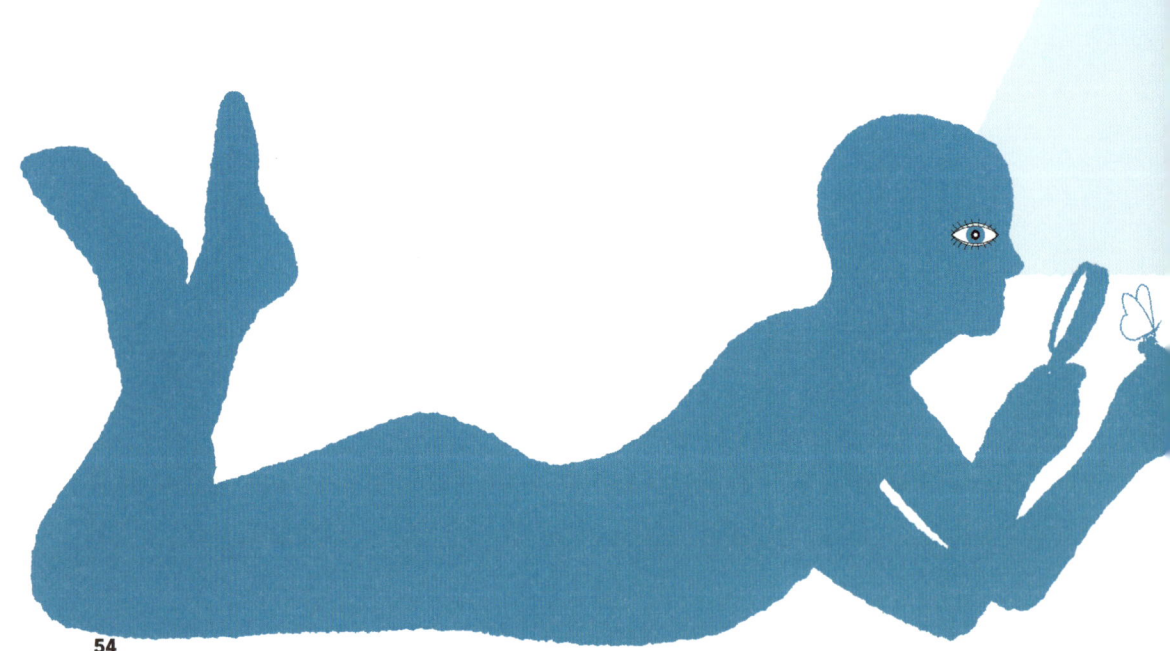

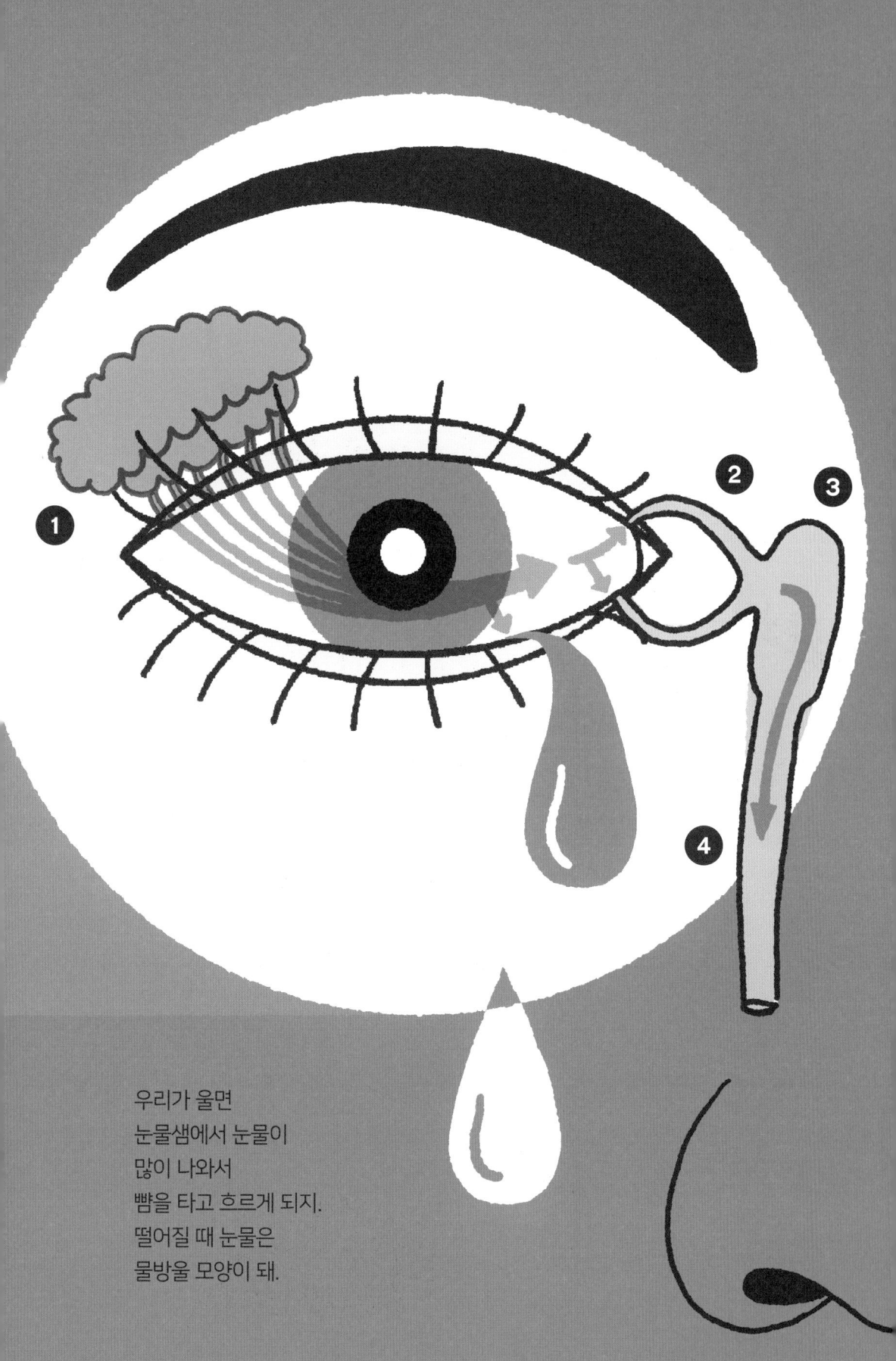

눈에 항상 고인 눈물을
기본 눈물이라고 해.
기본 눈물은 눈물막을 만들지.
눈물막은 세 개 층으로 나뉘어.

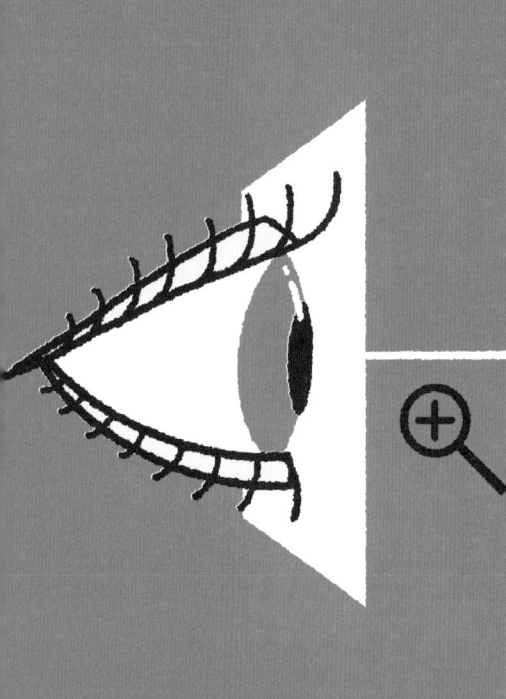

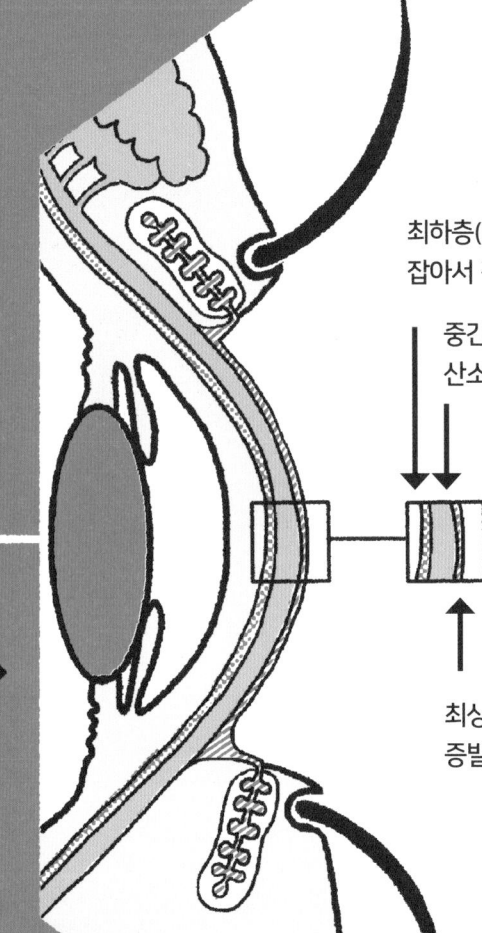

최하층(점액층): 눈물을
잡아서 각막에 퍼뜨려.

중간층(수성층): 각막에
산소와 영양을 전해 주지.

최상층(지방층): 눈물이
증발하는 걸 막아 줘.

잘 때는 눈을 깜빡이지 않아.
그래서 눈물이나 기름기,
먼지가 눈 앞쪽에 모이지.
이게 바로 눈곱이야.

왕 눈곱!
얼른 세수해!

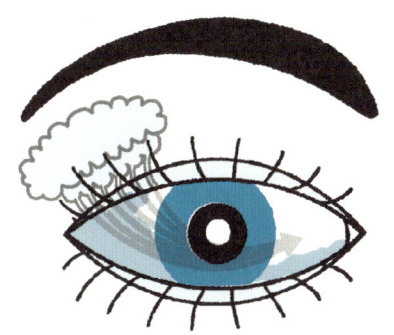 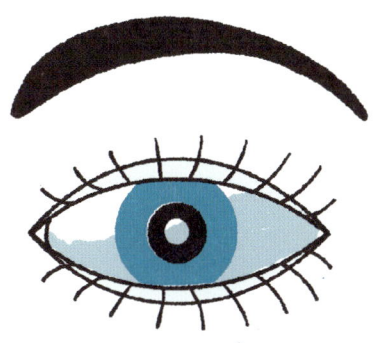

눈물샘에서 눈물이 나오면
눈에 눈물이 고여.

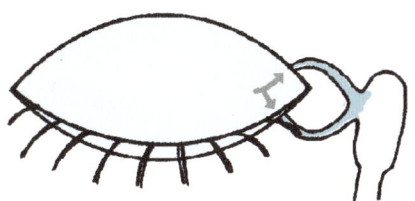 

눈을 깜박이면 눈물은
눈물소관을 통해
눈물주머니로 가지.

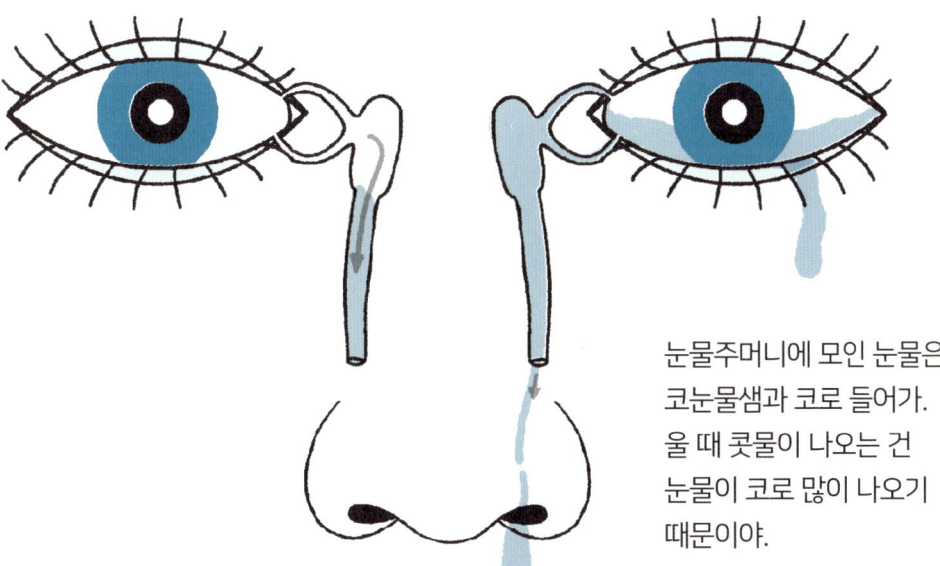

눈물주머니에 모인 눈물은
코눈물샘과 코로 들어가.
울 때 콧물이 나오는 건
눈물이 코로 많이 나오기
때문이야.

눈을 자극하면 나오는 눈물을 반사 눈물이라고 해.

반사 눈물에는 세균이나 미생물로부터 눈을 보호하는 성분이 있어.

무서워. 자랑스러워.
슬퍼.
아파. 답답해.
기뻐.
즐거워.
속상해.

**감정 눈물은 다양한 감정과 관련이 있어.
우리는 감정 눈물을 흘리면서 위안을 얻지.**

배고파요.

내 말 좀 들어 봐요.

쭈쭈 줘.

기저귀가 축축해요.

아기는 울음으로 의사소통을 하지.

아파요.

추워요.

눈물이 나면
손수건이
필요하지만

너 왜 우니?

맥식

지금 네가 코에서 꺼내려는
이 코딱지는

간단히 말하자면,
콧속 쓰레기야.

**숨을 들이마시면
먼지와 꽃가루, 재, 습기,
세균과 미생물 같은 것들이
콧속으로 들어와.**

**콧물은 이런 이물질들이
폐로 들어가지 못하도록
잡아 두는 역할을 하지.**

점액질 공장

① 눈
② 호흡기: 코, 폐
③ 소화기: 입, 위, 장

점액질은 이 모든 곳에 있어.
점액질이 우리 몸에
수분을 공급하고,
보호하고, 매끄럽게 해 주지.

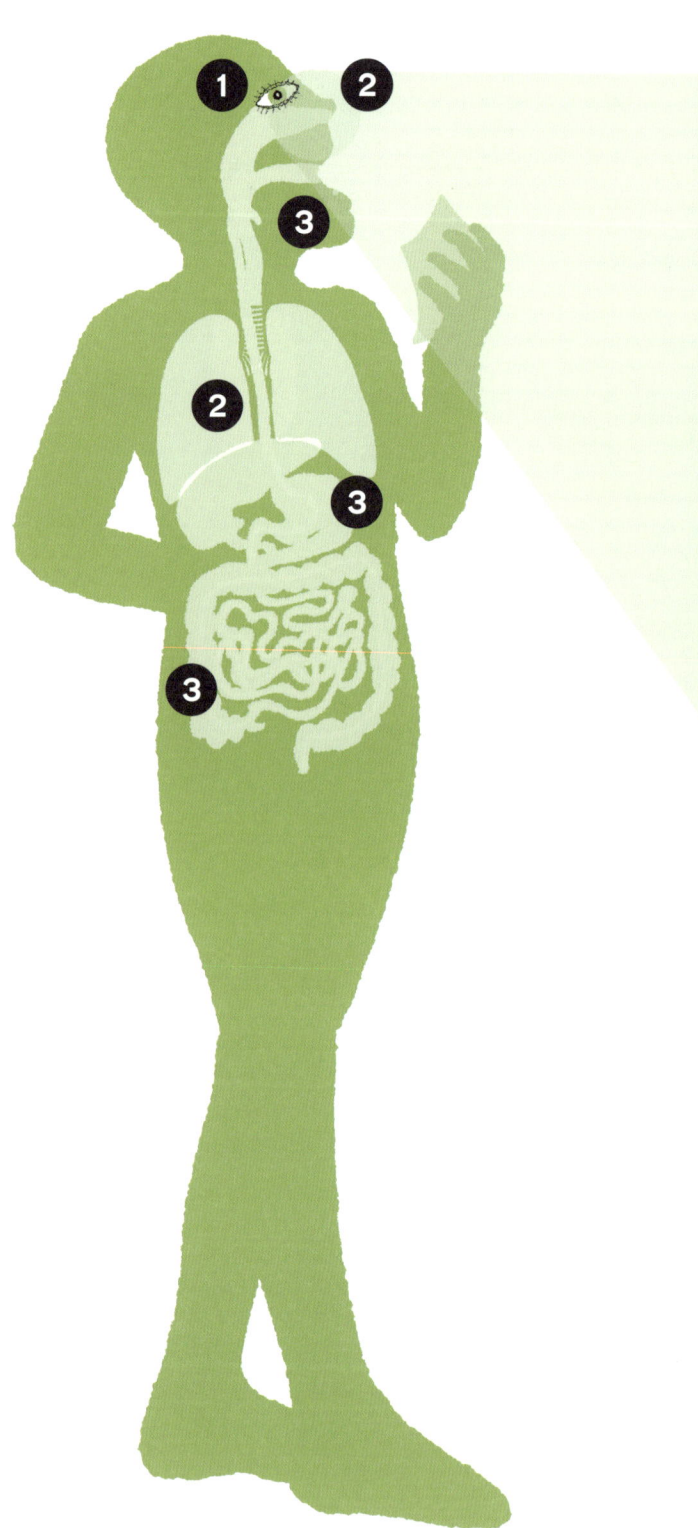

코에서는 끊임없이 콧물을 만들어 내.

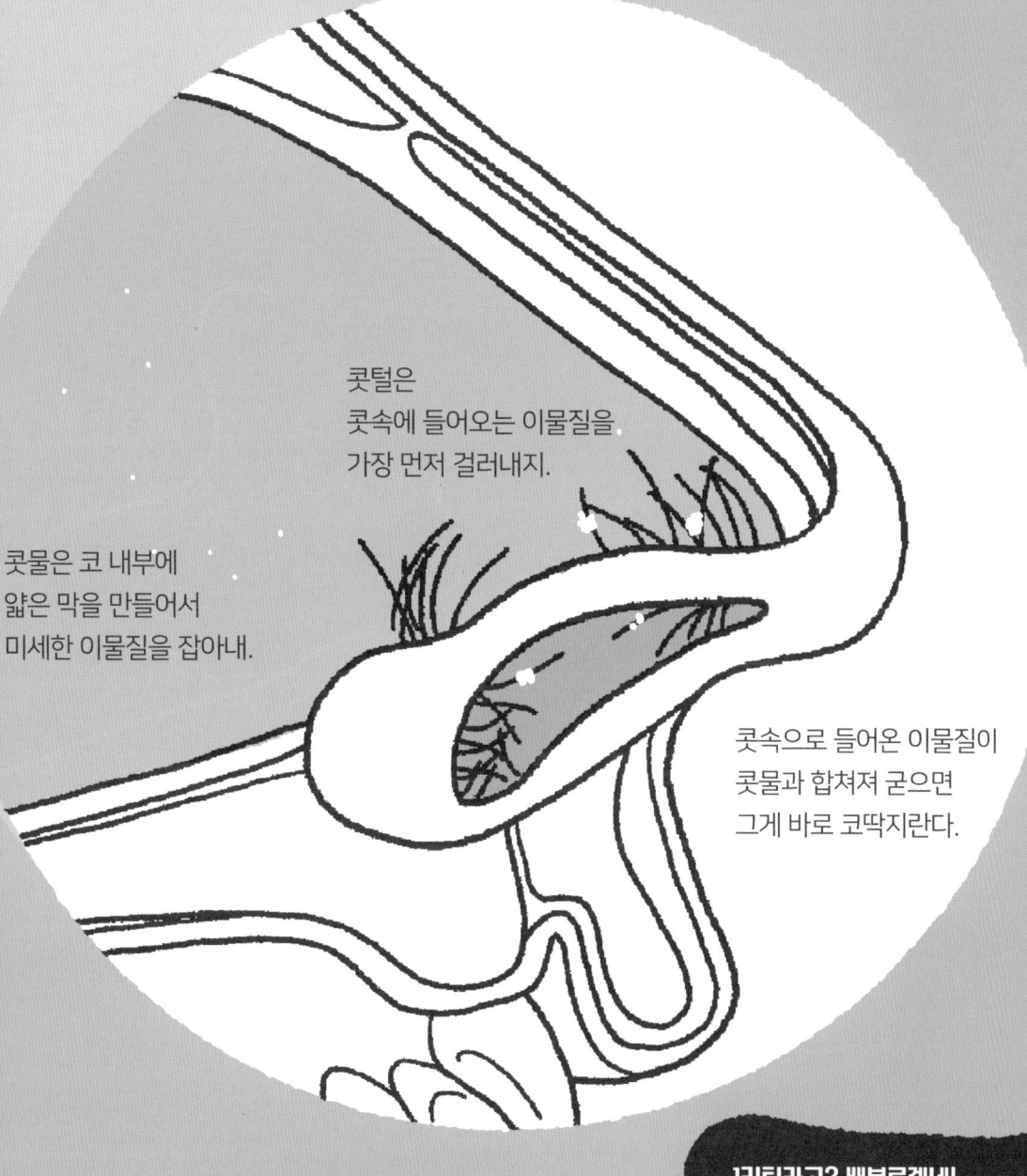

콧털은 콧속에 들어오는 이물질을 가장 먼저 걸러내지.

콧물은 코 내부에 얇은 막을 만들어서 미세한 이물질을 잡아내.

콧속으로 들어온 이물질이 콧물과 합쳐져 굳으면 그게 바로 코딱지란다.

1리터라고? 배부르겠네!

우리가 알게 모르게 삼키는 콧물은 하루 최대 1리터!

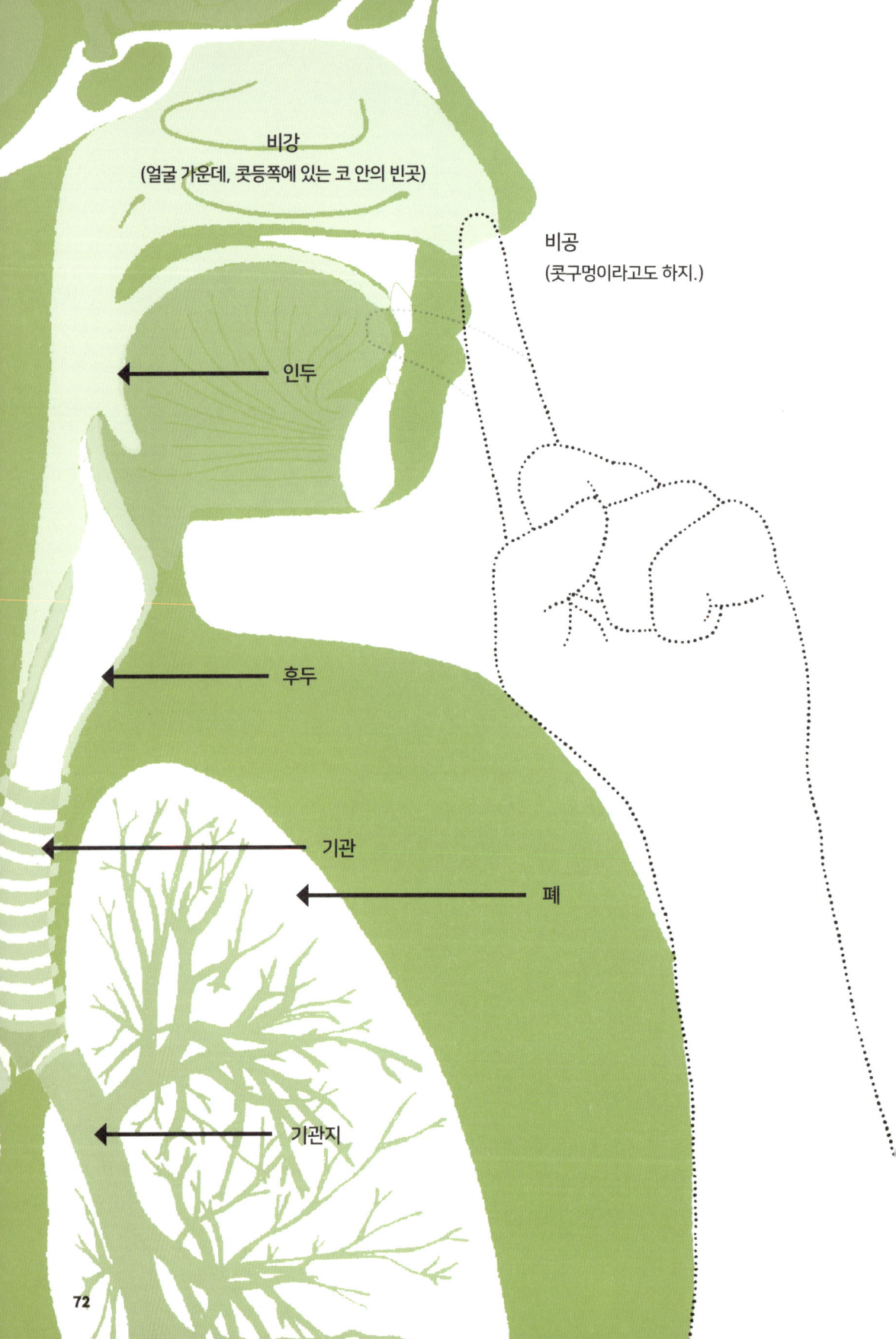

숨을 쉴 때 공기가 지나가는 길을 기도라고 해.
기도의 벽은 점액질로 뒤덮여 있어.
특히 코 벽의 점액질을 콧물이라고 해.

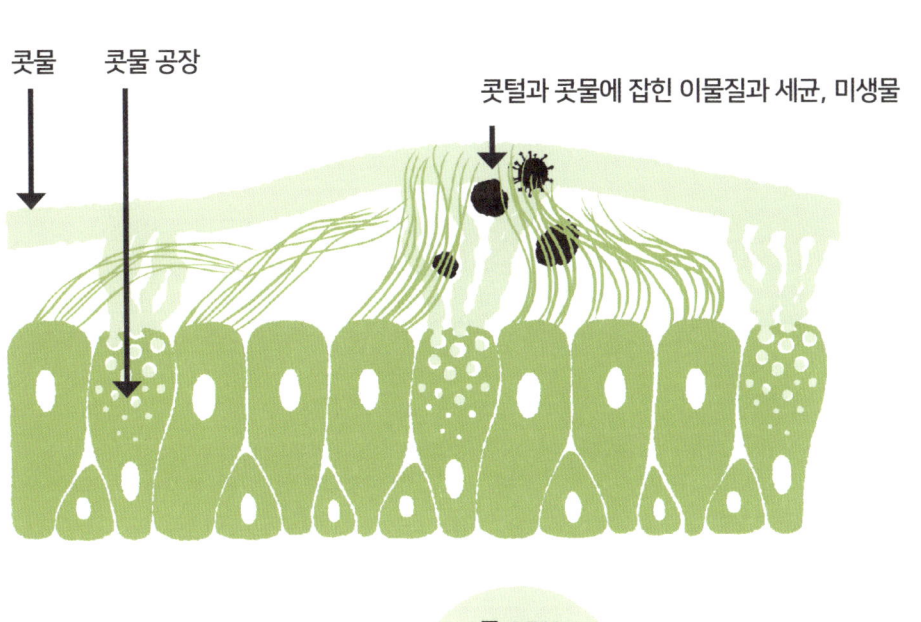

콧물

콧물 공장

콧털과 콧물에 잡힌 이물질과 세균, 미생물

물 95%
+
소금과 지방
+
단백질

코딱지 멀리 던지기에 특별한 재능을 지닌 선수들이 있어. 물론 올림픽에는 이런 종목이 없지만 말이야.

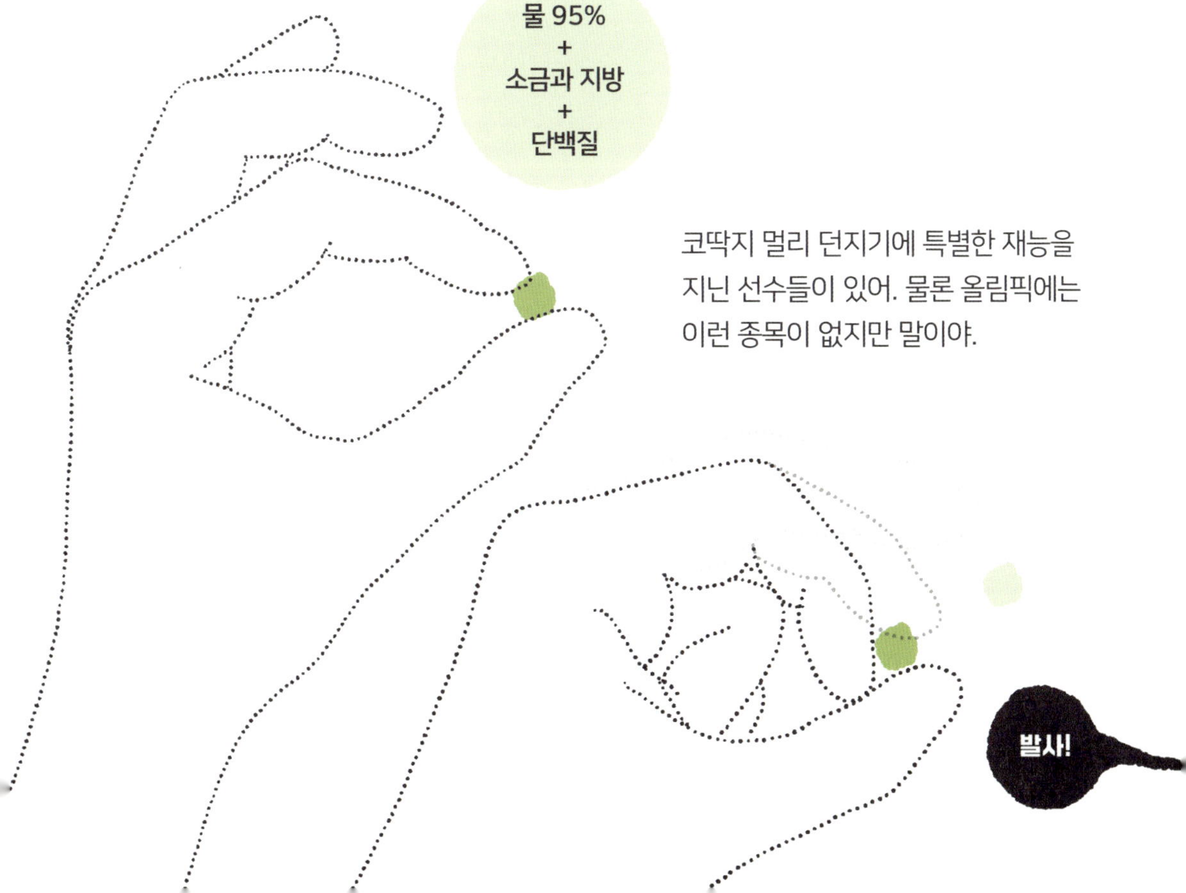

발사!

감기를 일으키는 바이러스는 200가지가 넘어.

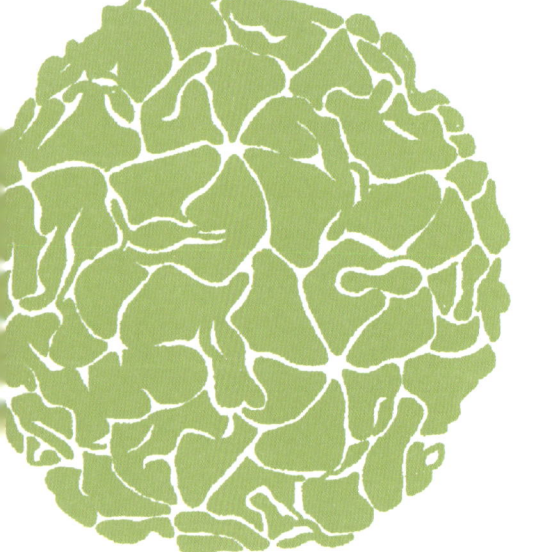

코로 들어온 감기 바이러스는 코 점막을 자극하고 우리 몸은 바이러스에 대항하기 위해서 점액질, 즉 콧물을 만들어 내. 콧물에는 세균을 죽이는 항체가 들어 있어.

어린 아이를 두고
코흘리개라고 부르기도 해.
아이들은 늘 콧물을
흘리기 때문이야.

우리 몸은 외부 공격으로부터
방어하는 법을 배워 나가.
아기 때부터 여러 종류의 병을
앓으면서 면역력을 키우는 거지.

울면 콧물이
더 많이 나와.

코 잘 푸는 법을 알려 줄게.

휴지나 손수건을 준비해.

한쪽 콧구멍을 손으로 막아.

다른 쪽 콧구멍으로 숨을 들이마셨다가 세게 내뱉어.

이번에는 다른 쪽 콧구멍을 막아.

열린 콧구멍으로 숨을 들이마셨다가 세게 내뱉어.

감기 바이러스

먼지

밝은 불빛

후추

꽃가루

뇌에 있는 재채기 센터는 무언가가 코를 자극할 때 작동해.

이건 반사 작용이라서 멈추고 싶다고 해서 멈출 수는 없어.

숨을 들이마시게 되고

에에에에취이이이이!

코와 입으로 들어갔던 공기는 물론이고 콧물과 침이 함께 나오지.

입에서 분수가 나오는 줄 알았어. 빨리 닦아.

고무줄인가?

내 풍선 어때?

비밀 지켜 줄 거지?

줄줄줄, 비가 내려…

분수 쇼를 보여 줄게!

꼼짝 마, 콧물!

닦을 곳은 여러 군데.

코 파는 게 어때서?

코딱지 예술품을 보여 주지!

콧물 쇼!

새로운

오줌에는 마신 물
말고도 다른 성분들이
섞여 나오지.

오줌은 우리 몸에서 쓰고 남은 물과
핏속 찌꺼기가 합쳐져서 나오는 거야.

쉬이이이이이

우리 몸은 핏속 찌꺼기를 걸러내면서
피를 깨끗하게 만들어.

오줌 공장

❶ 신장
❷ 요관
❸ 방광
❹ 요도

핏속 찌꺼기는
신장에서 걸러져서
오줌이 되지.
오줌은 요관을 통해
방광에 모이고,
요도를 통해
우리 몸밖으로
나가게 되지.

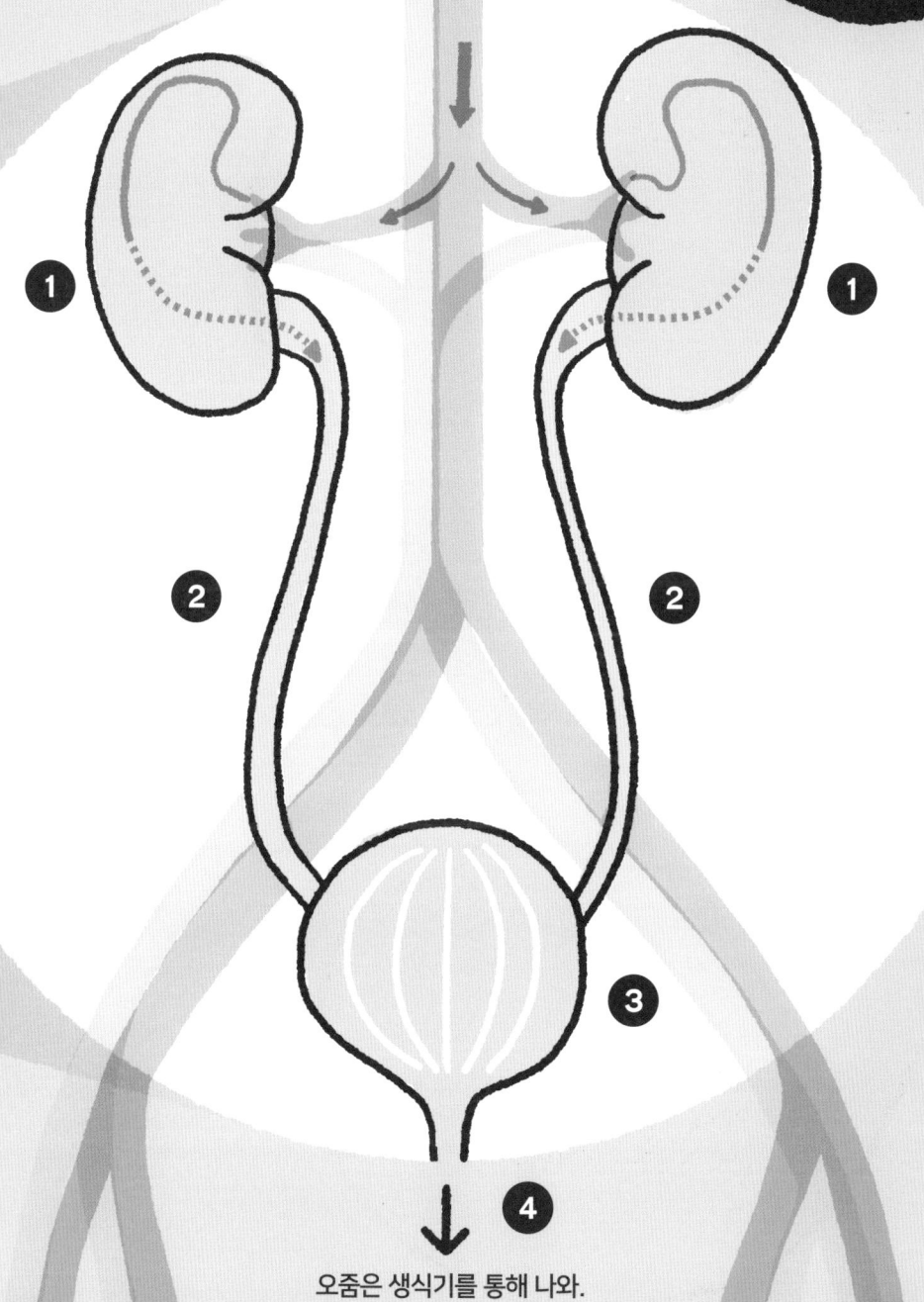

와! 우리 몸의 피는 하루에 300번이나 신장으로 흘러들어가.

나는 내 방 청소를 일주일에 한 번 할까 말까인데… 한 달에 한 번이던가?

오줌은 생식기를 통해 나와.

신장의 겉모습은 이래.

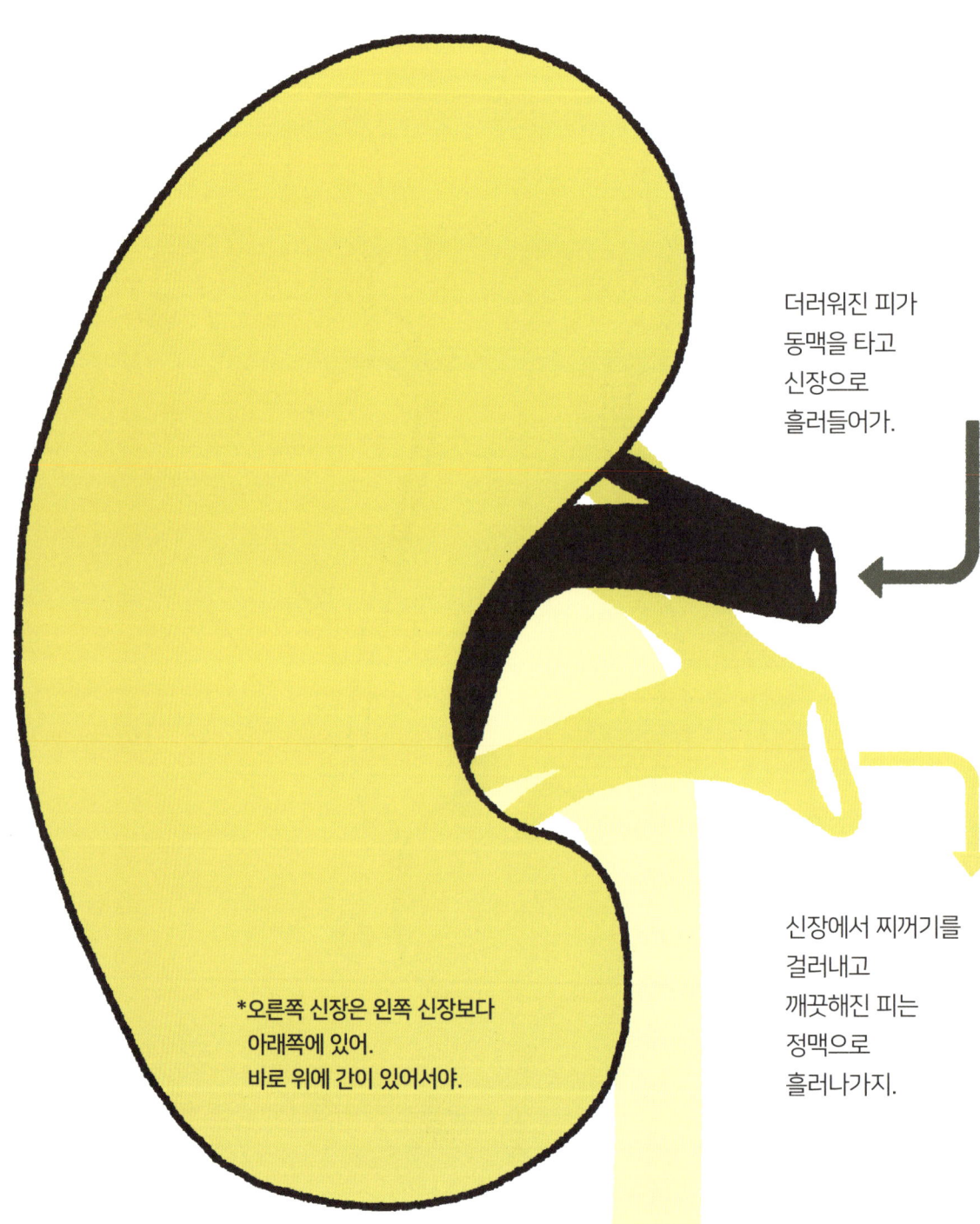

더러워진 피가 동맥을 타고 신장으로 흘러들어가.

신장에서 찌꺼기를 걸러내고 깨끗해진 피는 정맥으로 흘러나가지.

*오른쪽 신장은 왼쪽 신장보다 아래쪽에 있어. 바로 위에 간이 있어서야.

신장의 속 모습은 이래.

신장 속에는 네프론이라고 부르는 여과기가 수백만 개 있어.

신장에서 걸러진 찌꺼기인 오줌은 몸속의 물과 함께 요관으로 옮겨지고 방광으로 나가.

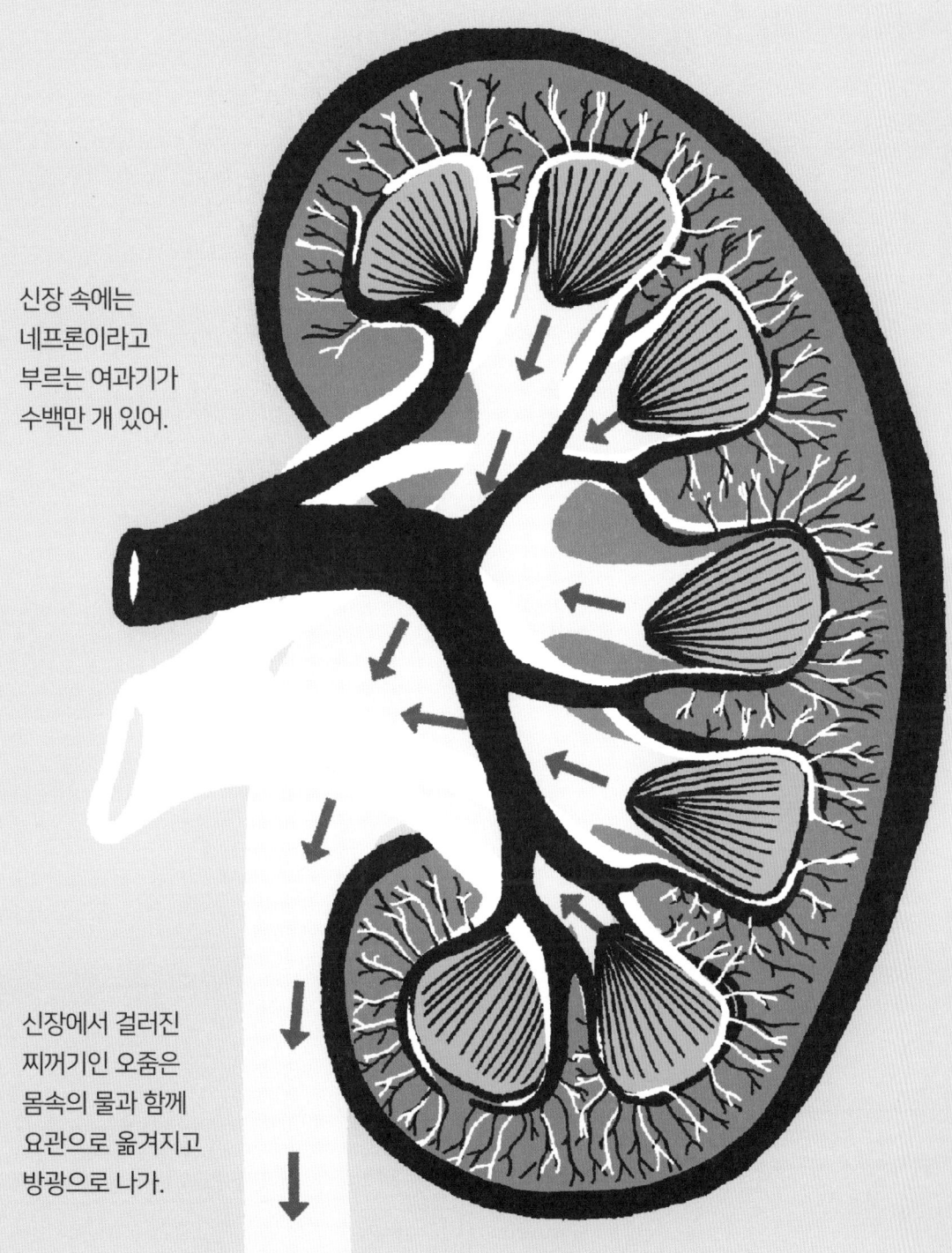

아무것도 먹지 않아도 방광에는 오줌이 차.

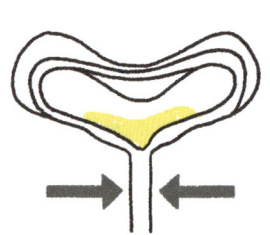

오줌은 신장에서 요도를 통해 방광에 도착해.

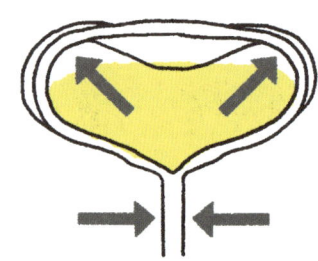

오줌이 마렵다는 걸 느끼게 될 거야.

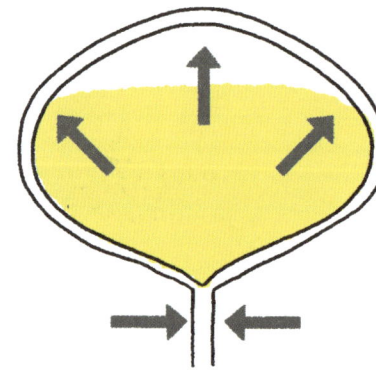

방광은 점점 풍선처럼 부풀어 오르지.

경고, 경고!
당장 화장실에 가서 소변을 볼 것!

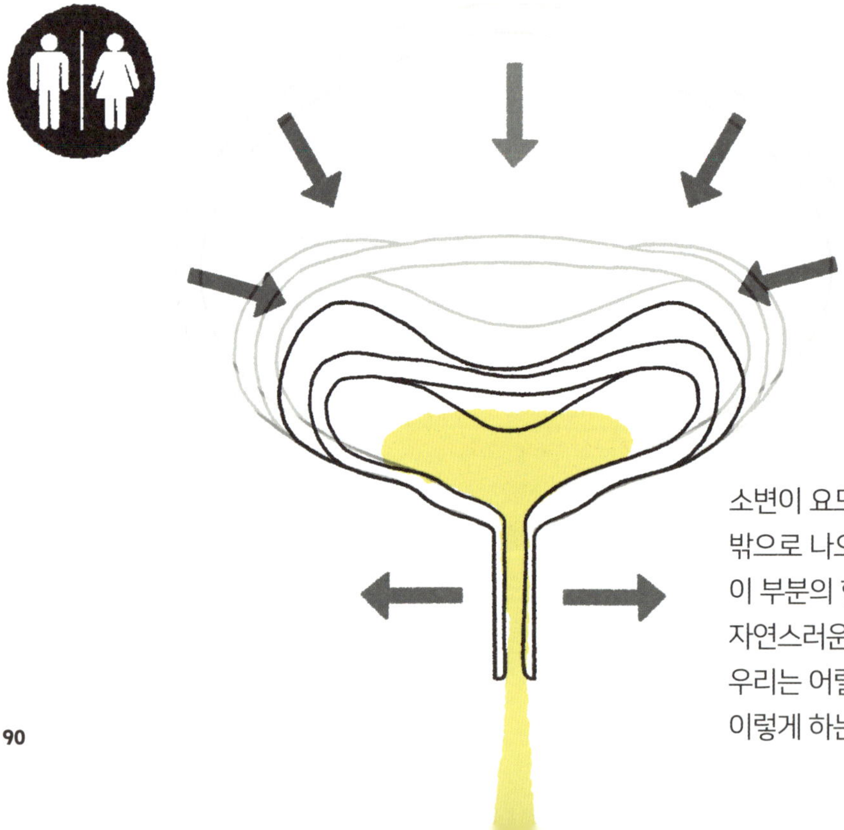

소변이 요도를 통해 밖으로 나오도록 이 부분의 힘을 빼는 것은 자연스러운 현상이야. 우리는 어릴 때부터 이렇게 하는 법을 배우지.

방광을 비우면 기분이 좋아져.

화장실에서 오줌을 싸야 한다는 걸
배우기까지는 시간이 좀 걸리지.

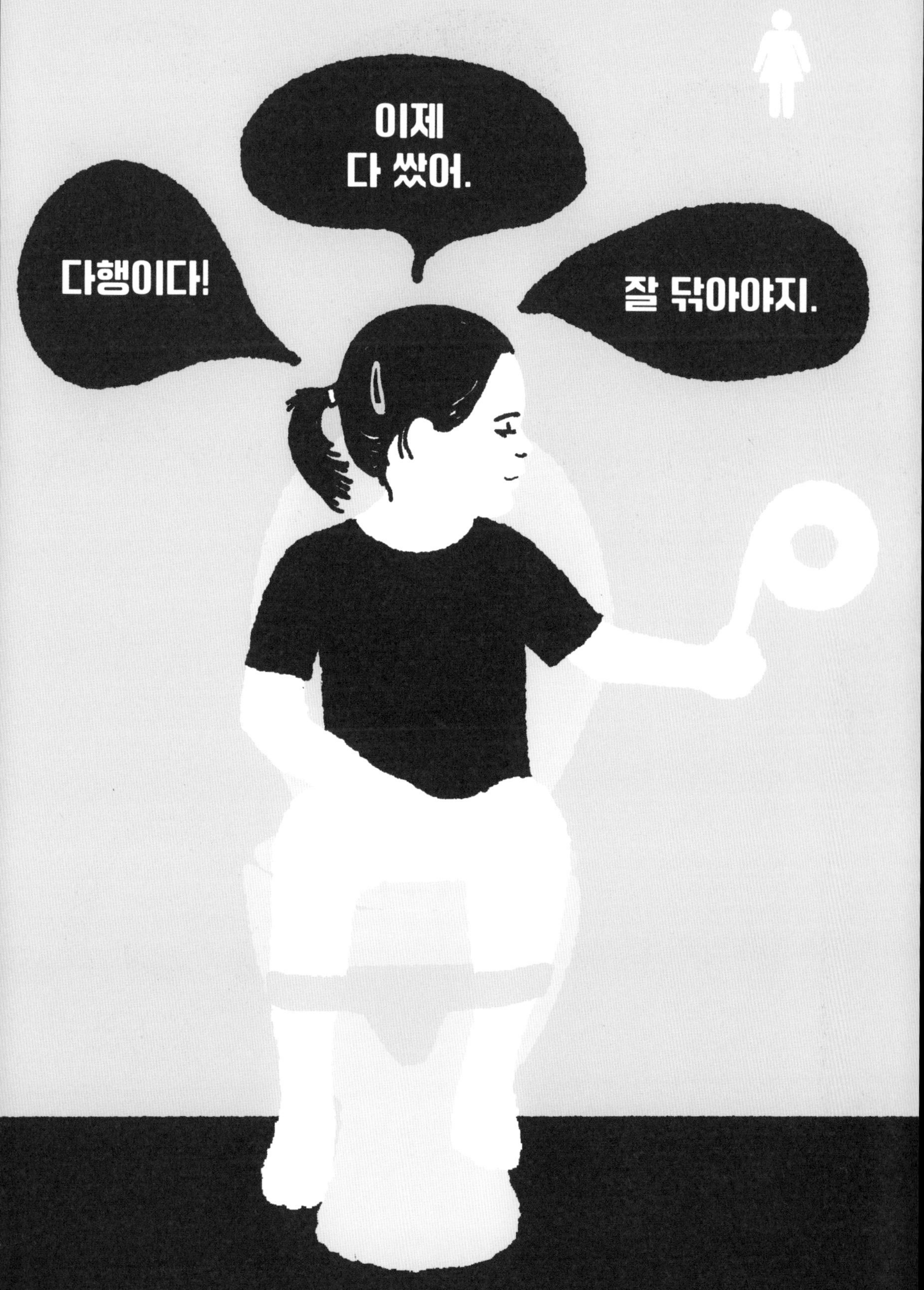
다행이다!
이제
다 쌌어.
잘 닦아야지.

오줌 Yes or No?

知

**침은 음식을
촉촉하게 하지.**

음식이 몸속으로 들어가는 걸
쉽게 만들어 주고.

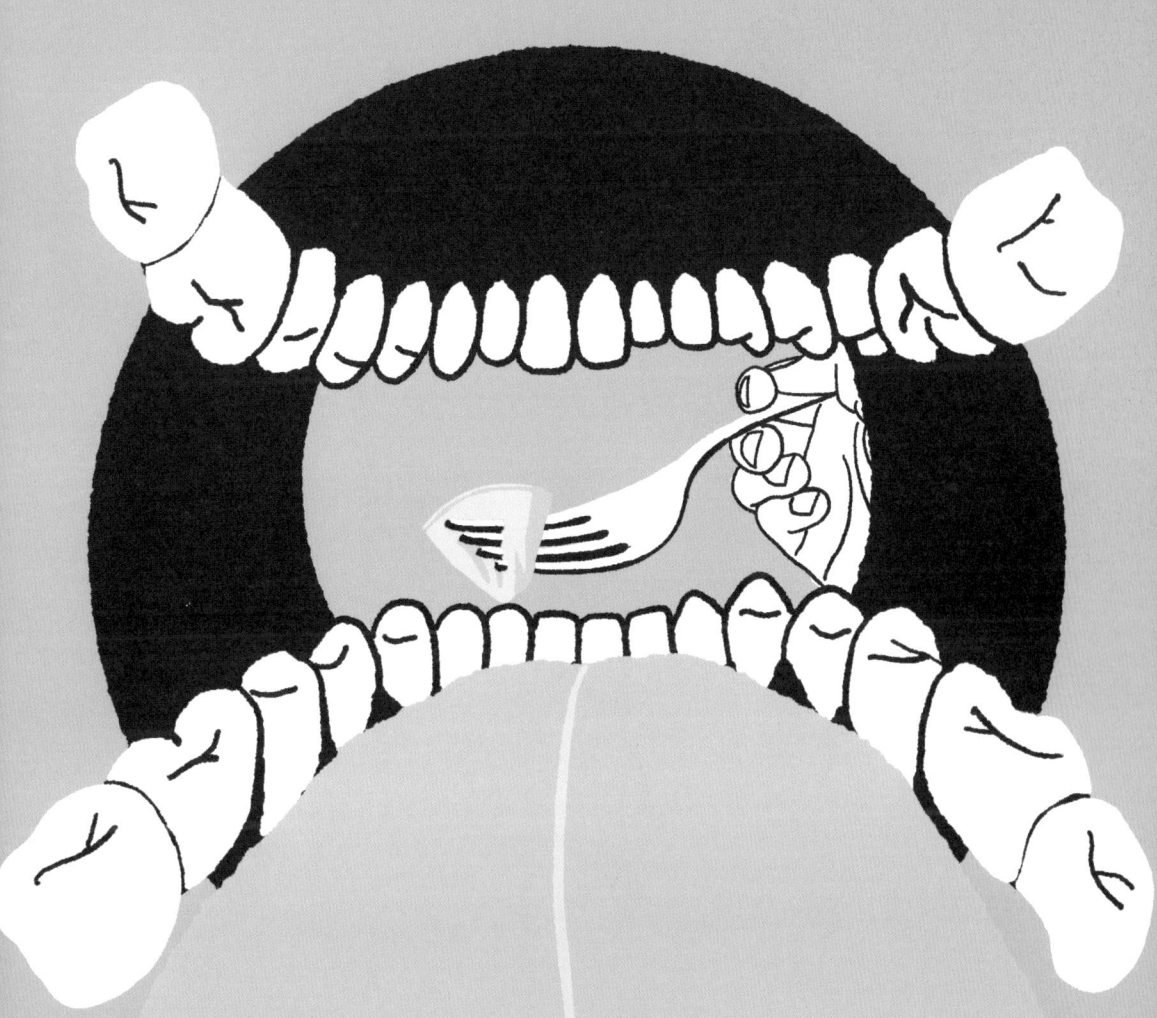

혀에 올록볼록 돋아 있는
미뢰를 활발하게 움직여서
혀가 맛을 느끼도록
도와주기도 해.

입술을 촉촉하게 만들기도 해.
입을 떼서 말을 하려면
침은 없어서는 안 되는
역할을 하지.

어쩌고 저쩌고
이러쿵
저러쿵 이러니
조잘 저러니
조잘
재잘 재잘
주절
주절

침 공장

침은 우리가 아무것도 하지 않아도 침샘에서 만들어져.

❶ 수백 개 작은 침샘들
❷ 세 쌍의 큰 침샘들
　귀밑샘 한 쌍
　턱밑샘 한 쌍
　혀밑샘 한 쌍

침의 99%는 물이야. 나머지는 침이 여러가지 일을 하도록 돕는 화학 물질이지.

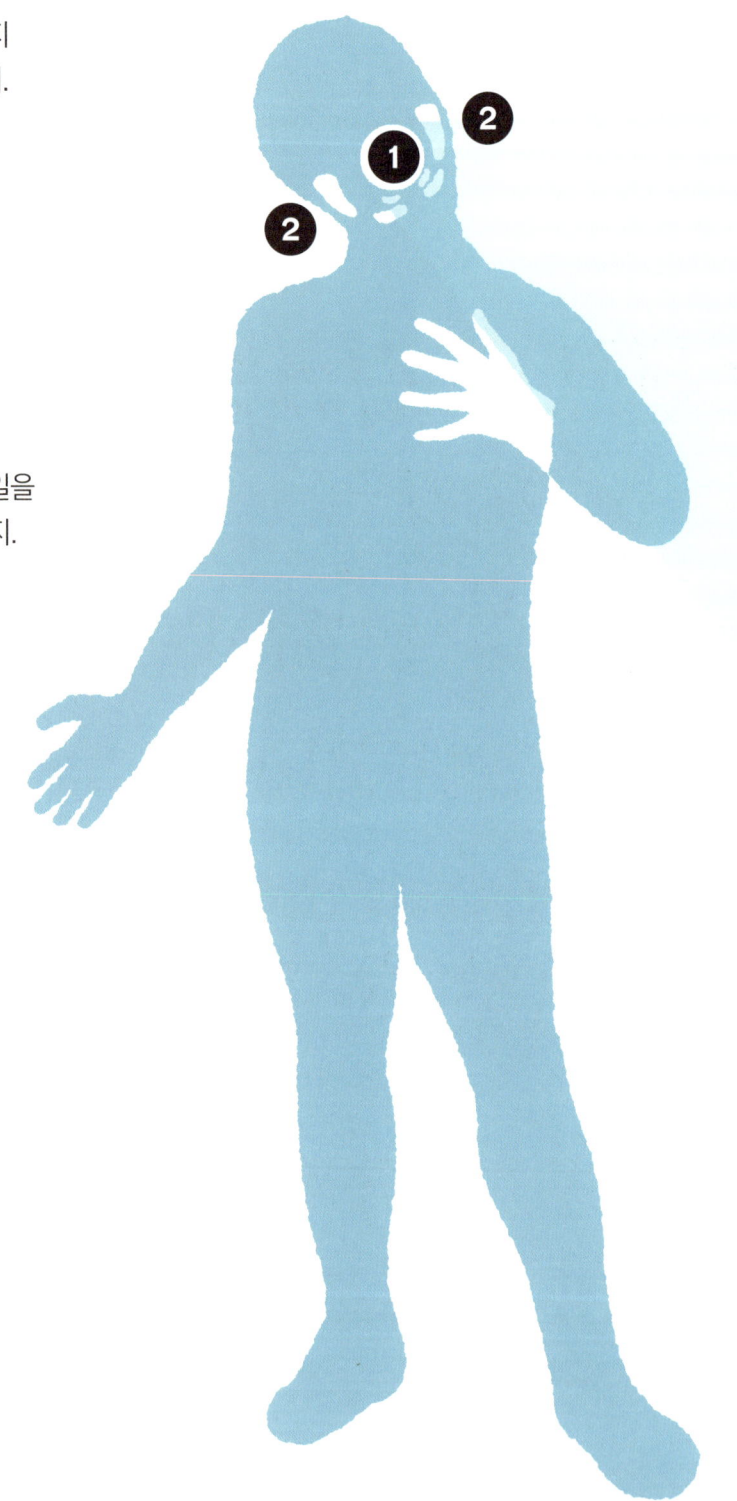

작은침샘은 입 전체에 퍼져 있어.

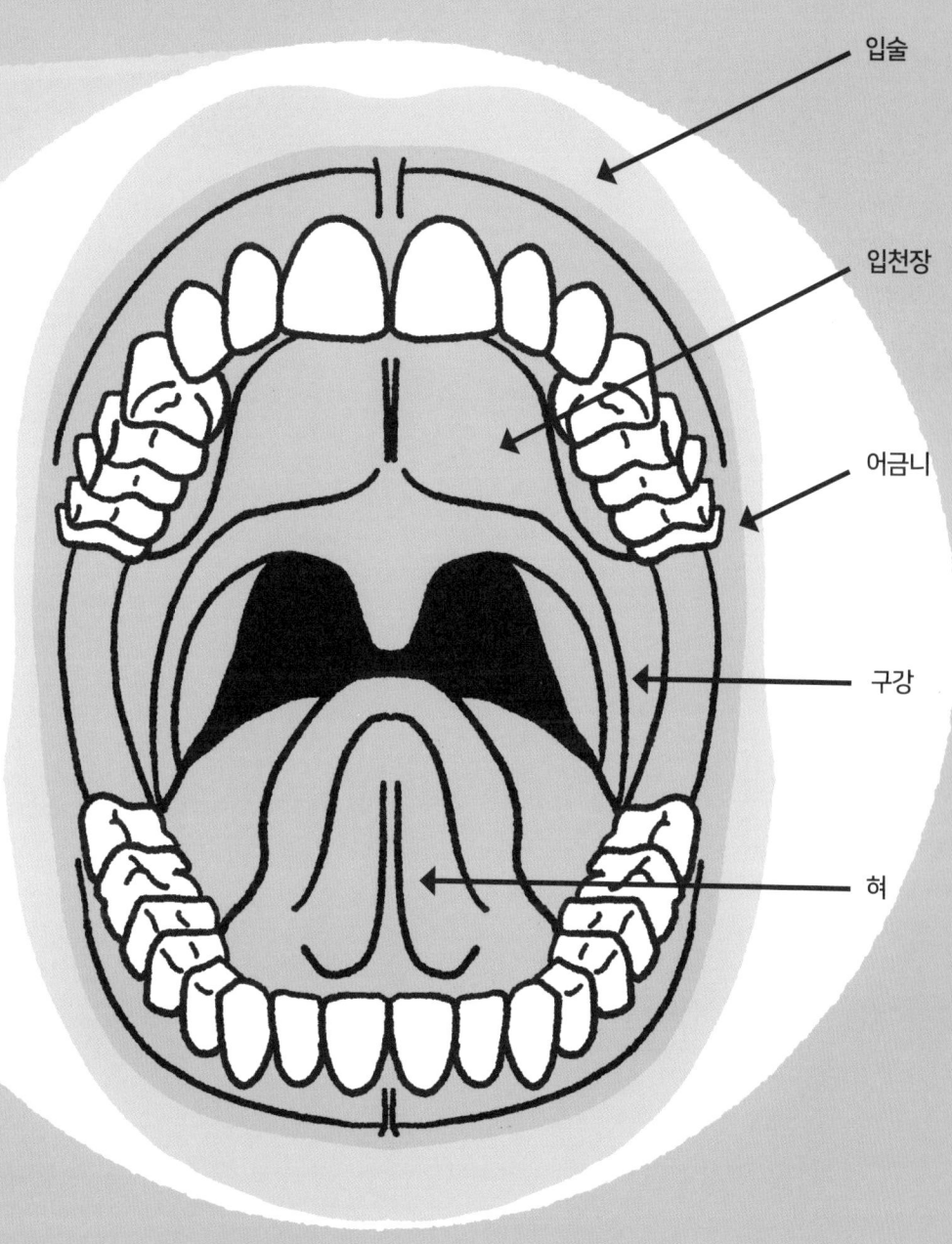

침은 입을 늘 촉촉하게 하고
보호해 주지.

큰침샘은 모두 세 개야.

침의 90%는 큰침샘에서 만들어져.

이렇게 만들어진 침은 몇 개의 관을 통해 입에 도착해.

음식을 씹으면 침은 점점 더 많이 만들어지고, 침은 음식을 촉촉하게 만들지.

침

침 멀리 뱉기 시합을
해 본 적 있니?

끈적한 침은
입을 보호해 주지.

잠을 잘 때는
침이 덜 만들어져.

침이 많이 나오게 하는 음식들이 있어.
시거나 향이 강한 것들이지.

← 침은 보통 하루에 1~2리터 정도 만들어져.

맛있는 음식이 앞에 있으면
입은 온통 침 범벅이 돼.

이건 반사 작용이야.
몸이 음식을 먹을 준비가
되었다는 걸 뜻해.

냠냠!

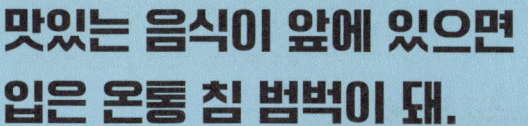

빵을 씹으면 달콤한 맛이 느껴질 거야.

침이 빵 속 설탕을 녹말로 바꾸기 때문이야.

입에 사는 세균들은 설탕을 아주 좋아해. 설탕은 산으로 바뀌어서 이를 감싸는 법랑질을 닳게 하고 이에 구멍을 내지. 그게 바로 끔찍한 충치야.

아기들은 하루 종일 침을 흘려.

침을 삼키는 방법을
아직 모르기 때문이지.

침은 이를 깨끗하게 하고, 세균으로부터 입을 보호해.

그렇더라도, 음식을 먹은 뒤에는 반드시 이를 닦아야 해.

침 속의 수분이 줄어들면 우리 몸은 이런 신호를 보내.

침 사용 설명서

우리 몸은 수백억 개 세포로 이루어져 있어.

세포도 음식을 먹고,
찌꺼기, 노폐물을 만들어 내지.

화장실 가야 하는 세포
있으면 손들어!

세포가 필요한 모든 것을 가지고 오는 건
바로 피야.

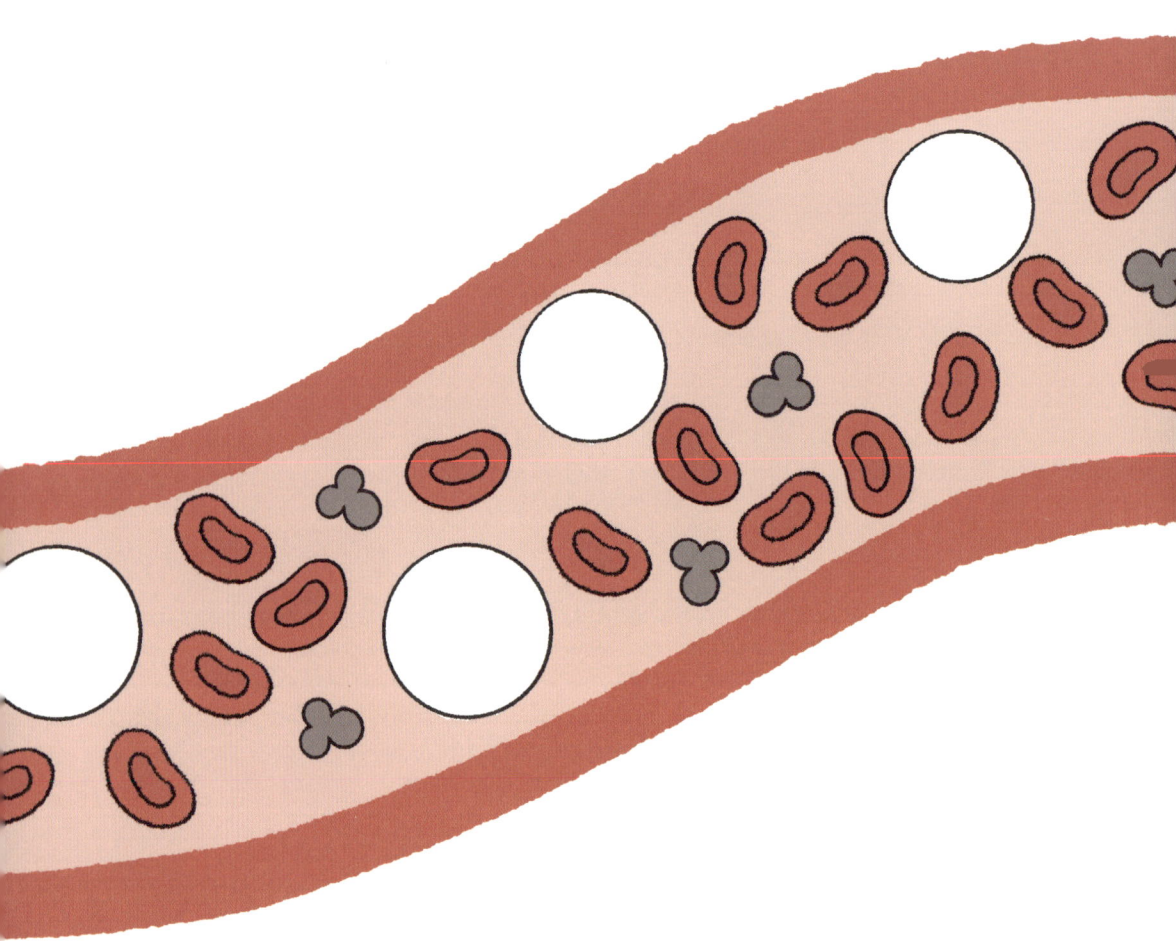

가지고 가는 것도 피지.

핏줄 지도

피는 핏줄(동맥, 정맥, 모세혈관)을 통해 우리 몸 전체에 흘러. 심장은 피가 우리 몸 구석구석에 닿도록 피를 모으고 밀어내는 일을 하루에도 수천 번씩 하지.

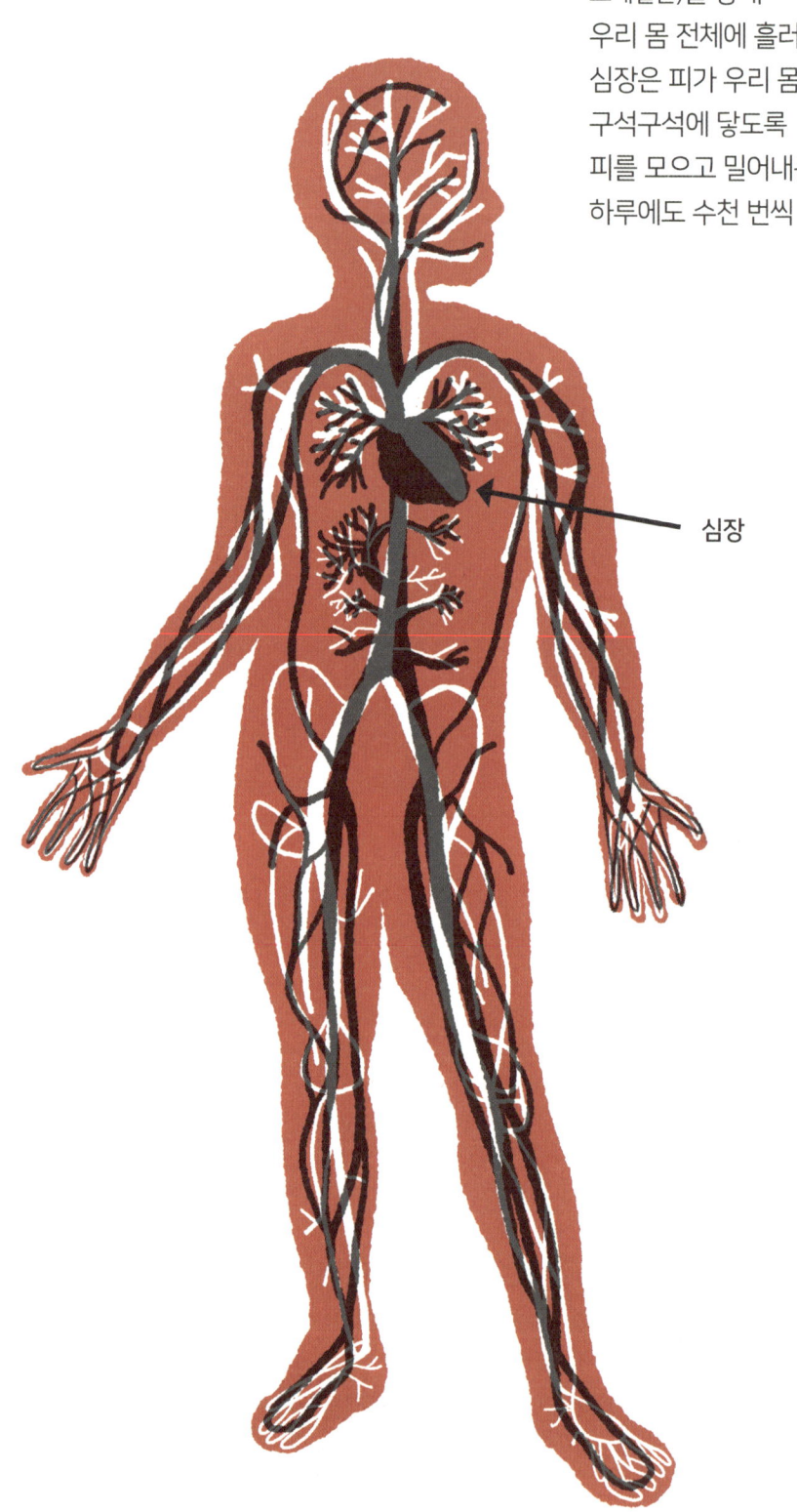

심장

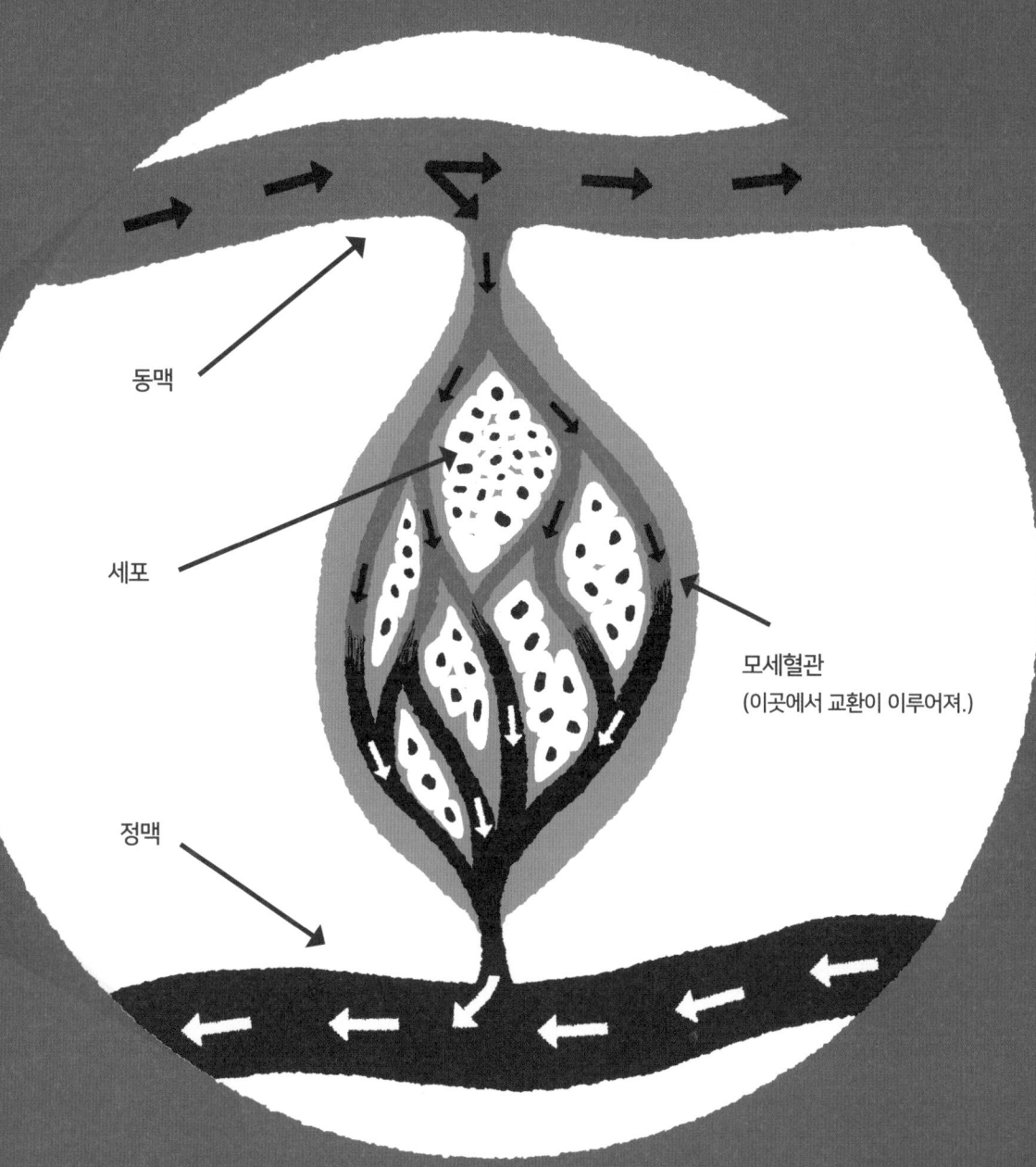

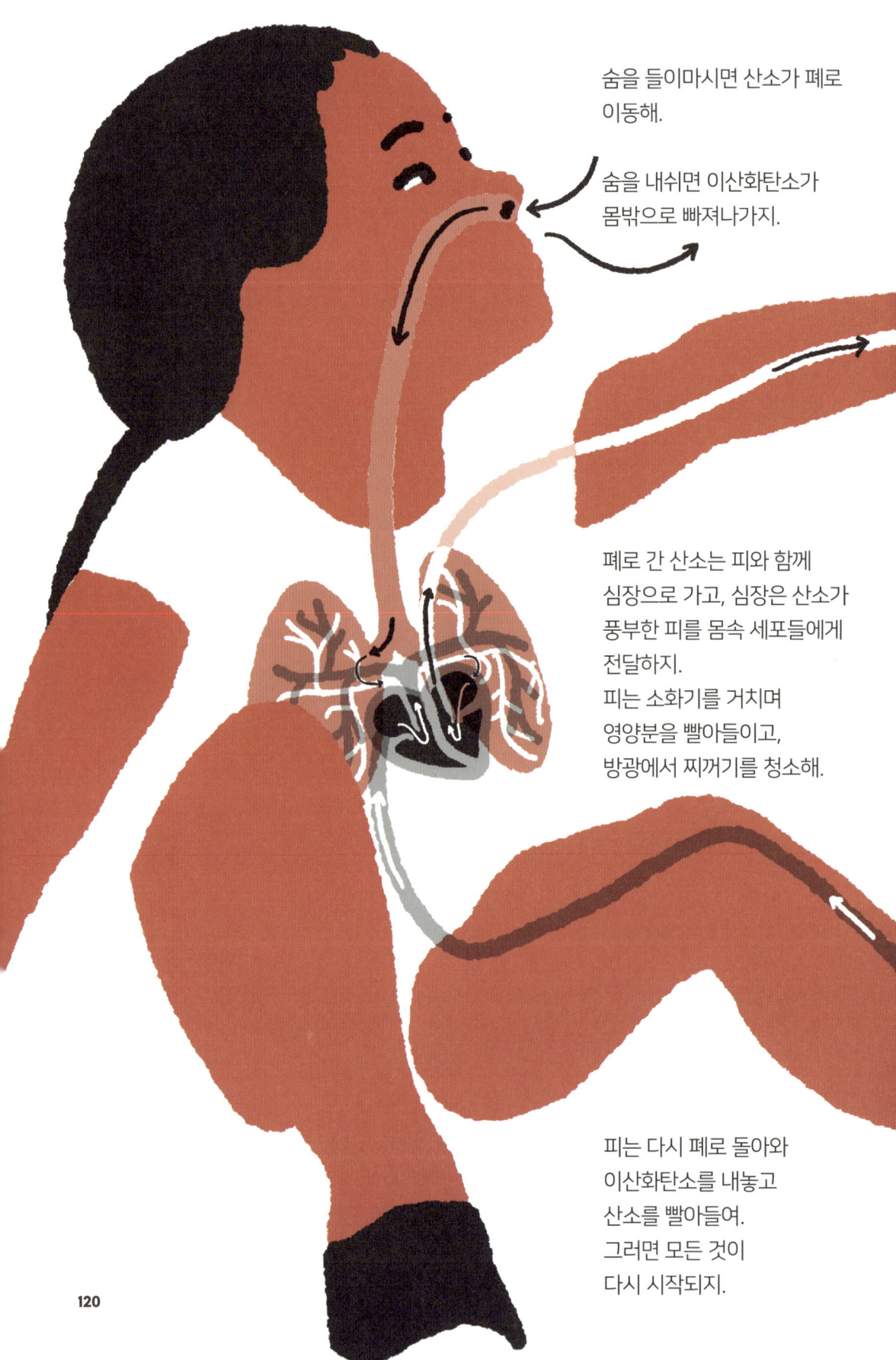

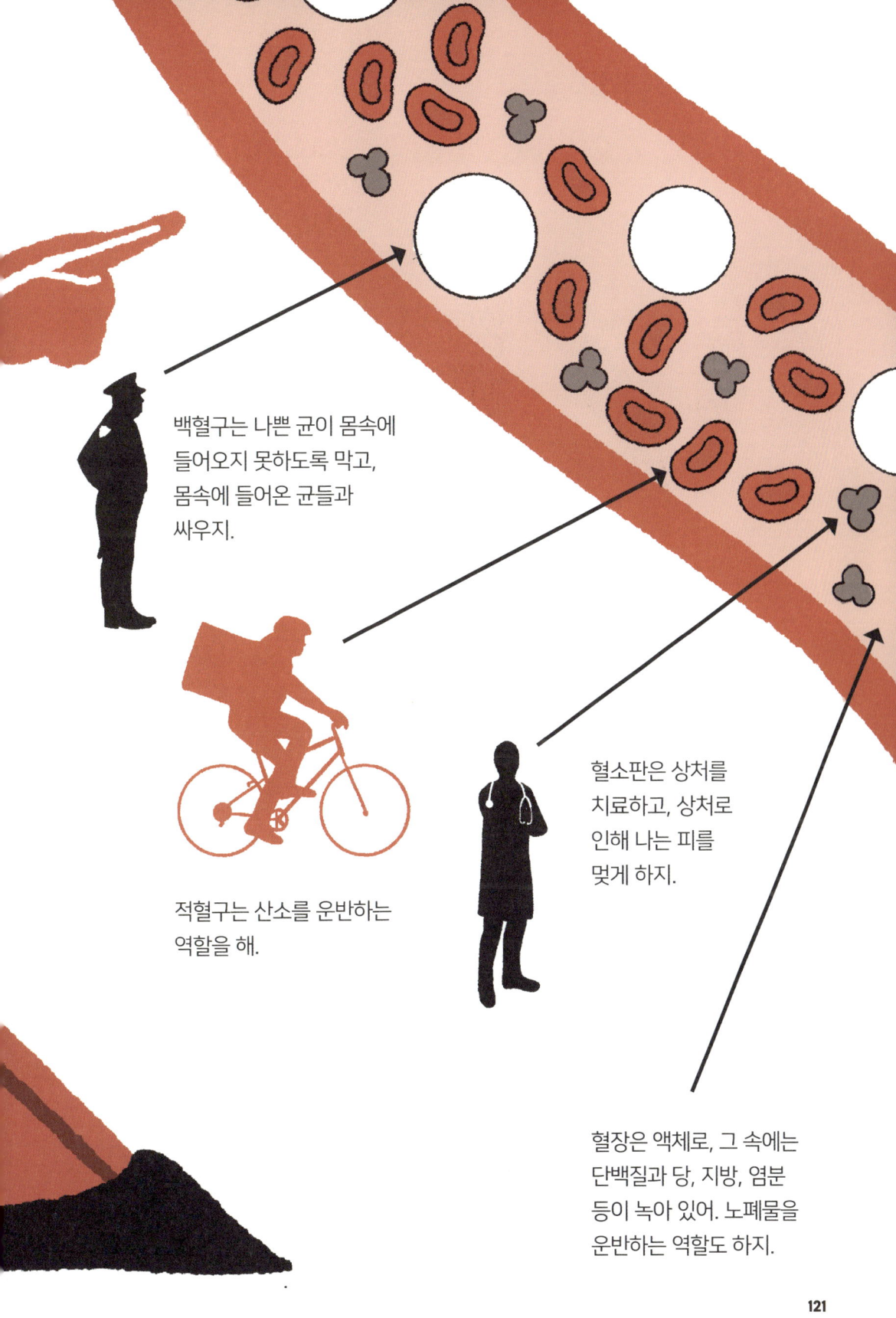

백혈구는 나쁜 균이 몸속에 들어오지 못하도록 막고, 몸속에 들어온 균들과 싸우지.

적혈구는 산소를 운반하는 역할을 해.

혈소판은 상처를 치료하고, 상처로 인해 나는 피를 멎게 하지.

혈장은 액체로, 그 속에는 단백질과 당, 지방, 염분 등이 녹아 있어. 노폐물을 운반하는 역할도 하지.

심장은 온몸의 피를 받고 보내는 엔진이야.

몸 구석구석에서 산소가 부족한 피가 심장으로 들어와.

산소가 풍부한 피가 폐에서 심장으로 들어와.

두근

산소를 얻기 위해 심장에서 폐로 피가 흘러가.

산소가 풍부한 피를 온몸으로 내보내.

두근

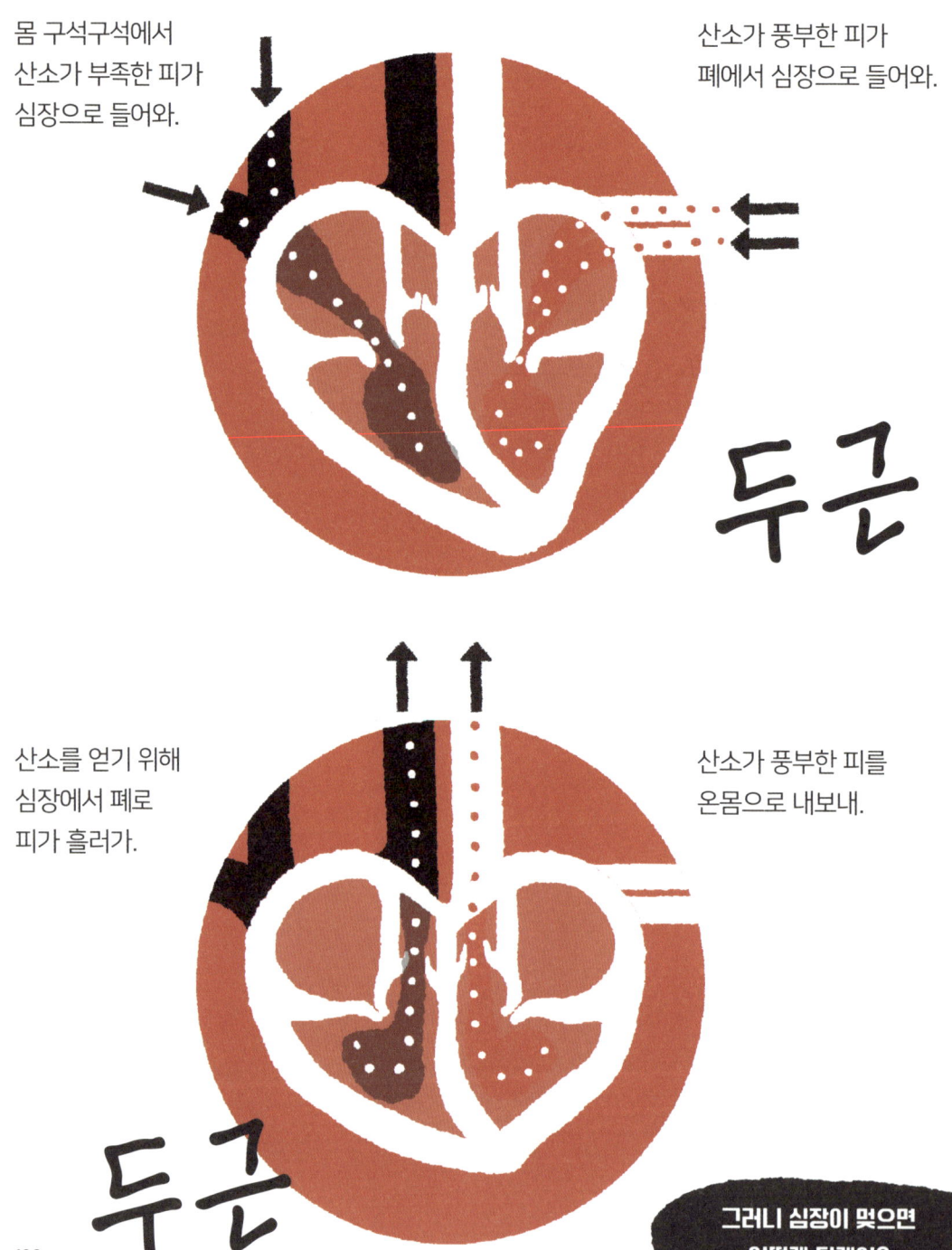

그러니 심장이 멎으면 어떻게 되겠어?

엄마의 동맥 두 개를 흐르는 피는
배 속 아기에게 영양분과 산소를
전달해.

엄마 몸의 태반과 연결된
탯줄은 아기의 배꼽과
이어져 있어.

아이고 이런!
넘어져서 상처가 생겼네.

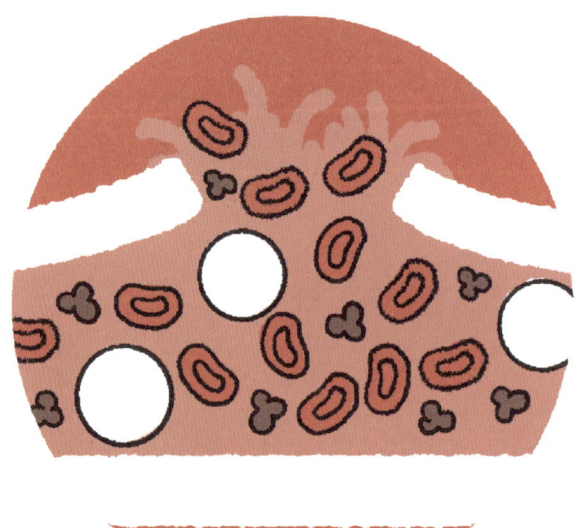

핏줄이 터지고 피가 흘러.

세균이 몸속으로 들어올 수 있으니 백혈구들은 전투를 준비해.

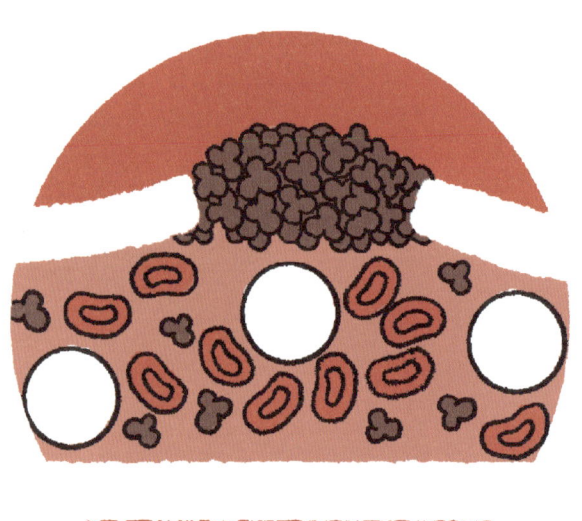

혈소판은 피가 멎도록 피부에 덮개를 만들어.

그 덮개가 바로 딱지야.

이제 세균이 더 이상 들어올 수 없어.

딱지 뜯지 말랬지!

주는 자

받는 자

물들이는 자

지키는 자

마시는 자

모으는 자

다친 자

흘리는 자

그건 피가 아니지!

피를…

땀은 우리 몸의 냉방 장치야.

우리 몸은 너무 높지도 낮지도 않은 온도에서 잘 돌아가.

만약 체온이 올라가면
내려 줄 필요가 있지.

땀 공장

❶ 여러 가지 이유로 체온이 올라가.
❷ 피부의 감각기들이 체온이 올라가는 것을 알아차리고 경고를 보내.
❸ 우리 뇌에 있는 자동 체온 조절 장치가 명령을 내려.
❹ 땀샘은 땀을 만들어 내고, 모공을 통해 내보내지.

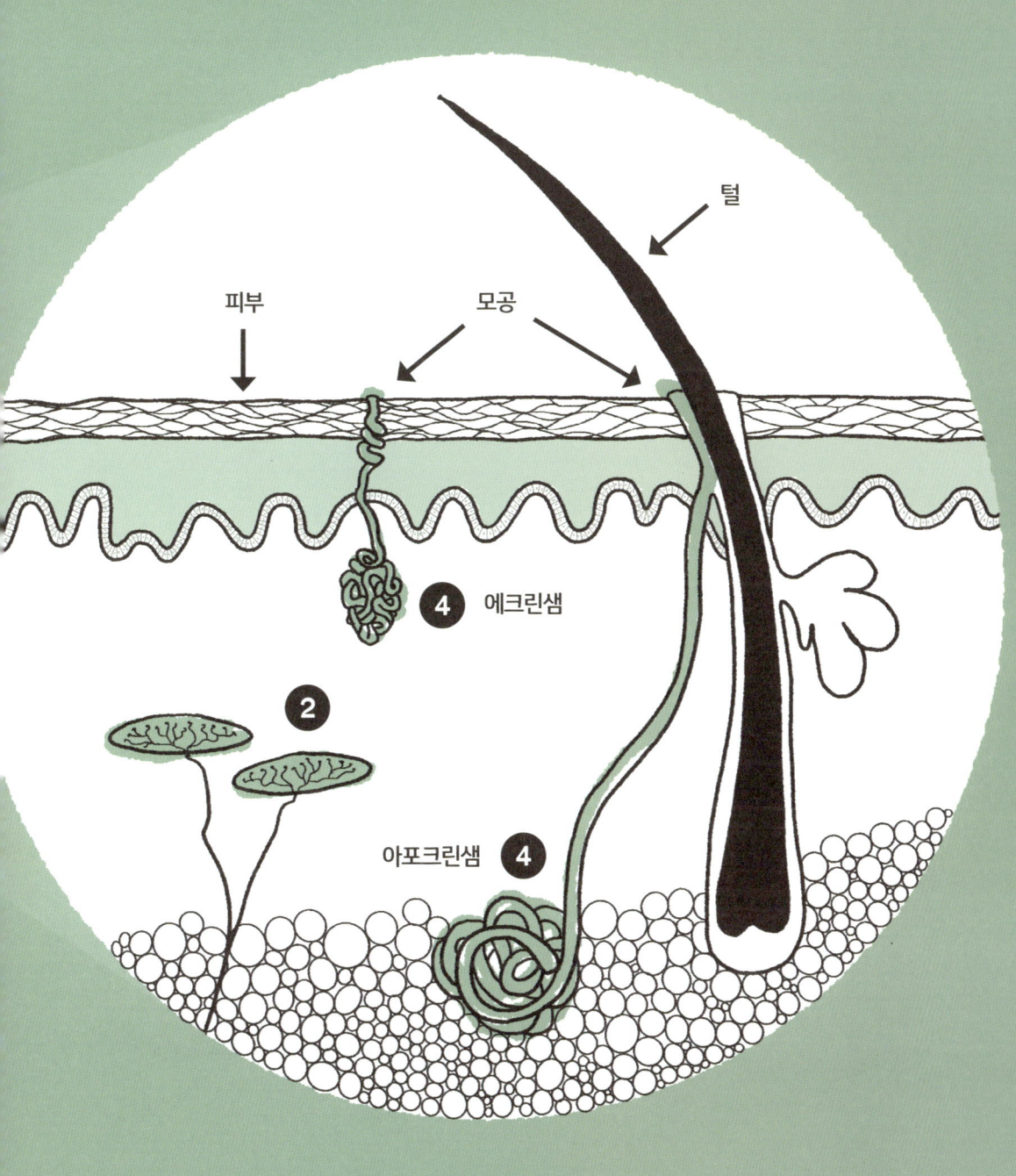

우리 피부에는 땀샘이 있어.
이마와 겨드랑이, 손바닥,
발바닥에는 특히 땀샘이 많지.

우리가 알아차리지 못해도 땀은 계속 나.

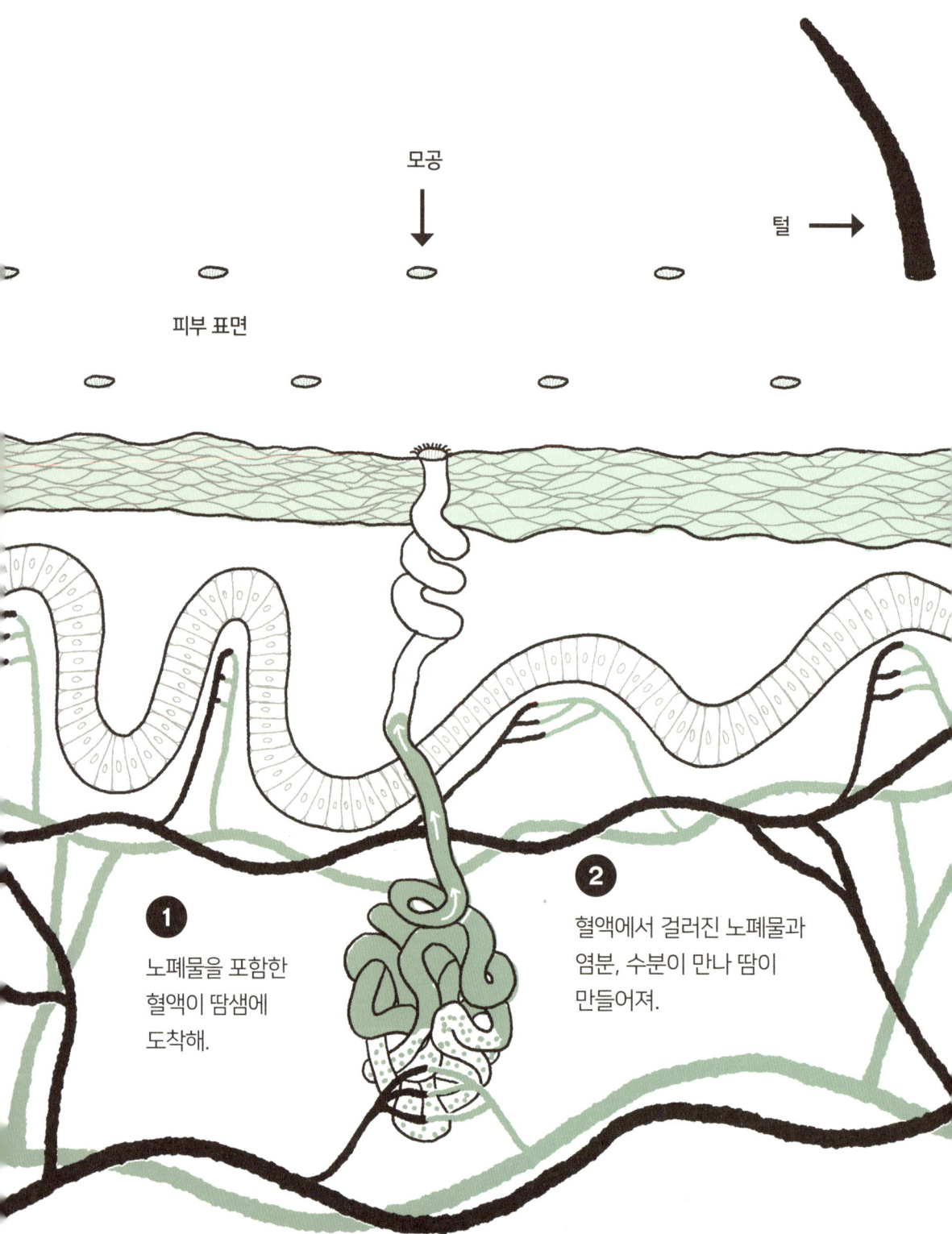

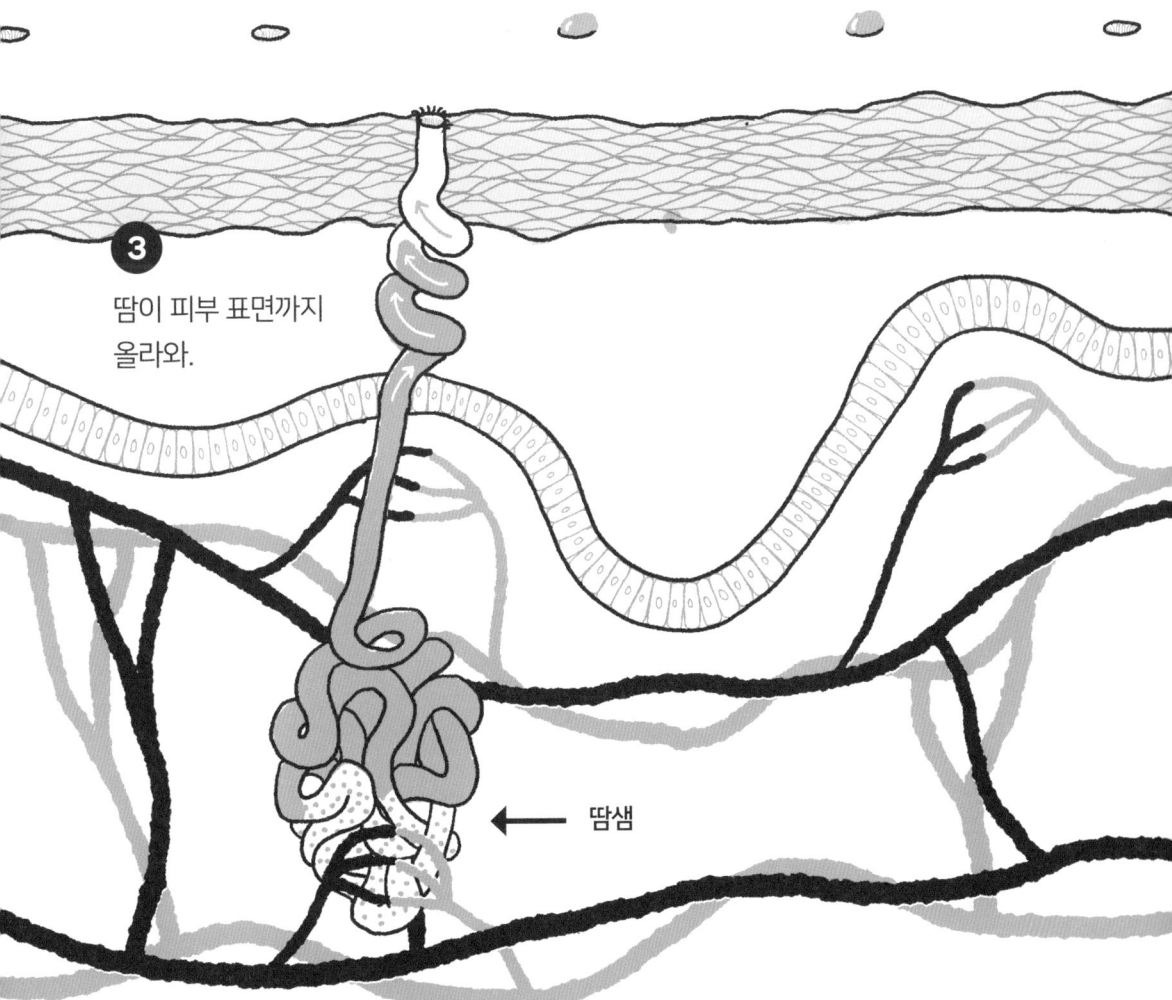

5 땀속 수분이 증발하면서 몸의 열을 빼앗아. 그러면 체온이 내려가지.

땀속 염분은 피부에 남는데, 그래서 짠맛이 나는 거야.

4 피부에 있는 모공을 통해 땀이 몸밖으로 빠져나와.

3 땀이 피부 표면까지 올라와.

← 땀샘

땀 자체에는
냄새가 없어.

불쾌한 냄새가 나는 건
피부에 살고 있는 미생물이
땀을 발효시키고
분해하기 때문이지.

불쾌한 땀냄새를 막아 주는
데오도란트 같은 화장품도 있어.

발에 사는
미생물은
땀을 분해할 때
치즈와 똑같은
물질을 뿜어내.

우리는 땀으로 잃어버린
수분을 보충하려고
물을 마셔.

이럴 때 이런 땀

이런 젠장 생애이야!

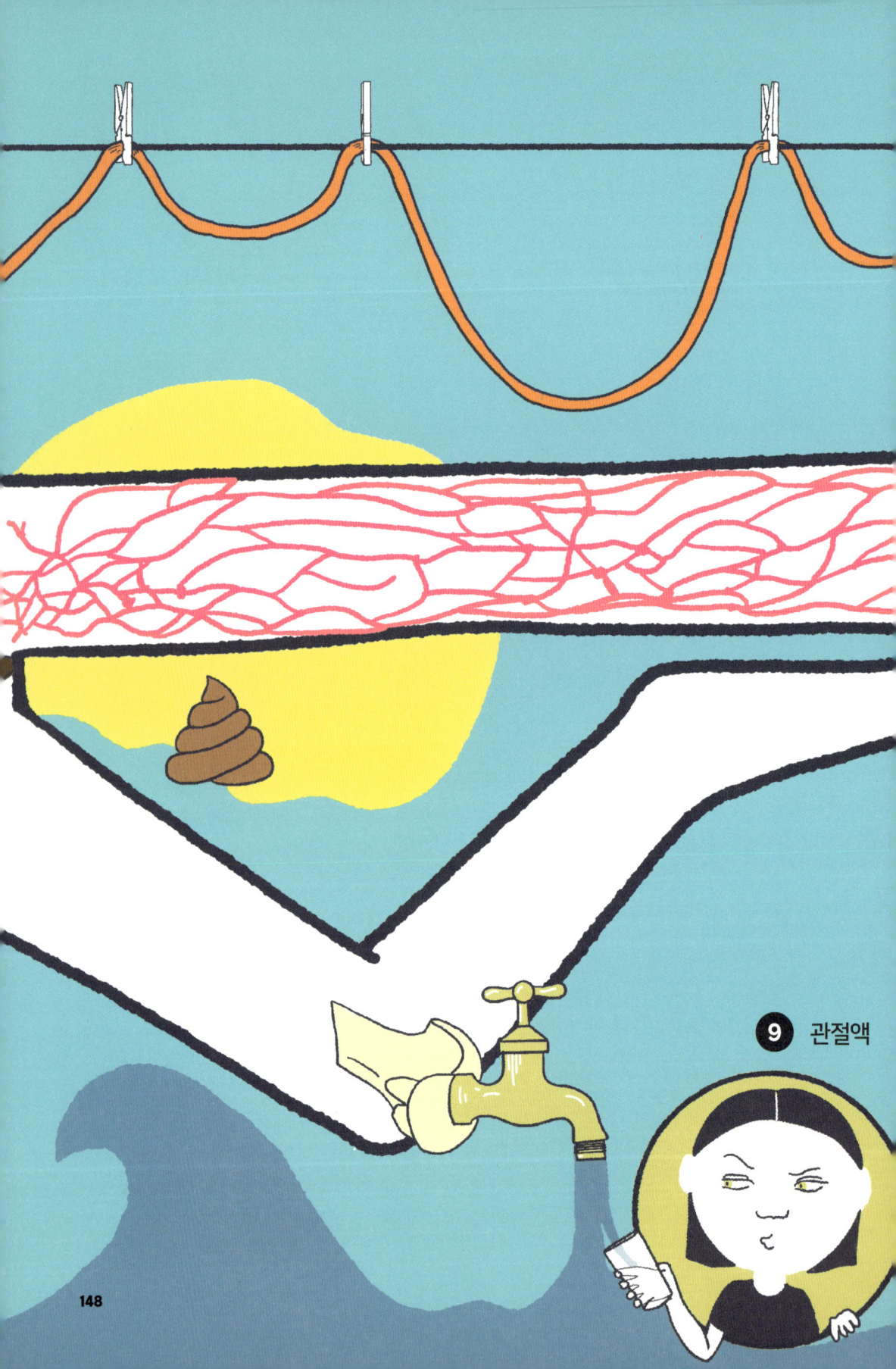